用镜头浓缩百年飞行
用影像荟萃世纪风云

中国飞行
影像

The Illustrated
Chinese Flight History

王亚男 著

北京航空航天大学出版社
BEIHANG UNIVERSITY PRESS

图书在版编目（CIP）数据

中国·飞行·影像 / 王亚男著 . -- 北京：北京航空航天大学出版社，2020.3

ISBN 978-7-5124-3142-3

Ⅰ.①中… Ⅱ.①王… Ⅲ.①航空－技术史－中国－普及读物 Ⅳ.①V2-092

中国版本图书馆CIP数据核字（2019）第218128号

中国·飞行·影像

策　　　划：中国航空学会

出版统筹：邓永标

责任编辑：邓　彤　李　帆

责任印制：秦　赟

出版发行：北京航空航天大学出版社

地　　　址：北京市海淀区学院路37号（100191）

电　　　话：010-82317023（编辑部）010-82317024（发行部）010-82316936（邮购部）

网　　　址：http://www.buaapress.com.cn

读者信箱：bhxszx@163.com

印　　　刷：鑫艺佳利（天津）印刷有限公司

开　　　本：787mm×1092mm　1/16

印　　　张：20.5

字　　　数：344千字

版　　　次：2020年3月第1版

印　　　次：2020年3月第1次印刷

定　　　价：158.00元

影像无声胜有声

　　影像是不动的史实。虽然它们从不会自己发声，但是它们永远保藏着独属于摄影师按下快门那一时刻的丰富历史信息。影像中那些人物，那些物品，那些地貌，那些建筑，随着摄影师快门的按动，已经被定格为时间胶囊。在这本书里，我所做的工作，就是解剖一个个时间胶囊，把里面的信息重新释读出来，和各位一起回味那些岁月。

　　如果说文字书写的历史，是基于各种历史素材的加工结果，那么我们把这些原生态素材直接展示给读者，可能更具有直观的感染力和说服力。虽然我手里的资源无法汇集成中国飞行历史的全貌，但是通过这两百余幅精选的图片，我们还是能透过这些时光切片，还原出中国人千百年来追求和实现飞行理想的足迹。

　　中国是世界上最早开展飞行实践的民族，当中国古代风筝在风中起飞时，西方人的飞行还仅仅存在于神话传说中；当中国的孔明灯与夜空繁星交相辉映时，欧洲人尚未参悟热空气上浮的现象；当中国孩子拿着竹蜻蜓欢欣雀跃时，达·芬奇尚未开始研究飞行机械的内在机理；当中国古代"火龙出水"在水战中初露锋芒时，整个西方世界还对火箭武器一无所知。如果回头看一看莱特兄弟发明和试验飞机的历史，我们会惊讶地发现，中国风筝和竹蜻蜓在他们的工作中发挥了巨大的启发作用，不仅作为他们的试验手段，甚至直接启迪了近代飞机的结构设计。

　　对于中国而言，在飞行之路上最大的遗憾是未能在近代科学奠基的关键时刻跟上世界的步伐。由此我们失去了利用近代科技解析祖先们实践探索成果的机会。西方科技界在完成中国古代飞行成就的科技解析后，迅速建立起航空科技的相关理论，促成了近代飞机在西方的诞生。此后一百多年间，中国经历了历史上最纠葛、最伤痛、也最具变革的时代，我们从仰望西方列强飞行器作为侵略者览胜工具飘行古老城垣，到抗战时代苦于航空装备无法自给及新中国成立后全面引进苏式装备，再到航空工业奠基与发展和后来的改革开放、航空运输全球化、世界新军事变革、中国国家利益与关切等巨变，都推动着中国人在飞行路上披荆斩棘，砥砺前行。

　　以今天为基点，回望千百年的中国飞行史，我们会懂得，我们曾经赢在飞行探索的"起跑线"上，但是没能在飞机发明上拔得头筹。这既是遗憾，也同样是宝贵的经验，在创新的道路上，从来没有严格的起点和终点，也许某一个阶段我们落后了，但只要中华民族伟大复兴的信念之火不熄，在这条漫长的道路上，机会永远会在那里，迎接突破艰难、涉过险滩的跋涉者们。

王西男

2020 年 3 月 1 日

CONTENTS 目录

祖国领空不容侵犯

■ 2019 年佳士得拍卖行拍卖的一件辽代银鎏金飞天女神纹六瓣形盏。盏底部正中有一个鎏金飞天形象。这一飞天形象身形为凤凰，带有羽毛双翼，唯独头部为人面，令人不由得怀疑这一形象更多地受到中国道教羽化文化的影响

950s
敦煌飞天

　　这幅绘制于公元951—953年的壁画，出土于中国西域，现藏美国明尼波利斯艺术学院博物馆。壁画图案展现了中国人对于古代飞行的神话式想象。画面上这位飞行的神灵，中国人称之为"飞天"，西方人则称作"Flying Celestial"或"Apsara"。在充满浓重丝路文化味道的敦煌壁画中，这类形象并不少见。

　　不同于其他民族神话里那些需要借助翅膀、魔毯或者是飞鞋翱翔天际的神灵，敦煌飞天是完全不借助任何工具就能轻盈漫步空中的神灵。事实上，在中国的佛教和道教中，许多神灵天然即具有飞行的能力，体现了中国古代先民自由挥洒的想象力。在一两千年前，人们对于飞行这种理想的可实现性完全没有认知，换言之，飞行对于普通人而言是"永远也无法企及的梦想"。于是在想象中，人们赋予神灵们完全不受约束的飞行能力。从文化传播史上看，敦煌飞天最初应是自印度传入，是印度古代神话中娱乐神和歌舞神的复合体。后来被佛教吸收，化为天龙八部众神中的两位天神。敦煌飞天从艺术形象上说，它不是单一文化的艺术形象，而是多种文化的复合体。飞天的故乡虽在印度，但敦煌飞天却是印度文化、西域文化、中原文化共同孕育成的。它是印度佛教天人和中国道教羽人、西域飞天和中原飞天长期交流、融合为一，具有中国文化特色的鲜明形象。敦煌飞天不长翅膀，不生羽毛，有圆光，主要凭借飘逸的衣裙、飞舞的彩带凌空翱翔。

1500s
万历皇帝时代的风筝

诞生于春秋时代的风筝，是中国古人一项蜚声航空史的重大发明。中国风筝是世界上最早出现的可控飞行器，也是应用空气动力学进行飞行的最早实践活动。中国的风筝经由马可波罗传入欧洲，在西方催生出了滑翔机和箱式风筝等产物，为后来莱特的动力飞机提供了直接参考。从中国风筝到近代飞机，这一段历史演绎了一段生动的原发创新与迭代创新共同催生重大科技成果的故事。

这件精致的瓷盒，高10.2厘米，直径21.6厘米，底部有"大明万历年制"六字款，可能是明代某位妇女的妆奁盒。盒盖上绘制有多名在花园中玩耍的孩子，有的在读书，有的在斗蟋蟀，有的在演戏，有

的在斗草，在画面左上角，有一名正在放风筝的孩子。从画面看，孩子手里握着风筝线轴——看来当时放风筝的器材已经颇为专业，而那个风筝呈方形，采用交叉形骨架，尾部还有3根用于增加稳定性的尾巴，这种造型和今天孩子们自制的风筝别无二致。一个小小的青花瓷盒，为我们保留了400多年前儿童放风筝的生动形象。

1770 皮勒蒙笔下的东方

　　1770 — 1790年间，法国画家让·巴普蒂斯·皮勒蒙（Jean-Baptiste Pillement）用铅笔素描方式画下了这幅作品。这位多产的艺术家，在200多年前的欧洲，一向以善于表现欧洲人想象中的东方世界而著称。这幅作品也不例外，它表现了自中国宋代以来文人画对于西方艺术的影响。画面上，一群垂钓者正背靠着一株高大奇异的植物在江边钓鱼，远处是中国式的亭台楼榭，更远的地平线上是巍峨的山脉。

　　山脉的上空，有两艘系留式的飞行船，船上撑着巨大的中国式阳伞——一艘船上带有老鹰式的翅膀，另一艘船则是龙的双翼。这艘船的造型，显然是受到了葡萄牙传教士古斯茂1709年奇妙的"飞行船"构想的影响。当时欧洲许多墙纸和织物等装饰艺术上都出现过类似的飞行船。也许画家认为此时的东方人已经掌握了飞行技术，也许他是在畅想掌握了飞行术的欧洲人可以乘坐这样的飞行船迅捷前往遥远的东方。然而真实的情况是，画家落笔的时候，东方的中国正是清高宗乾隆皇帝的统治时期，那时的中国在繁荣的表象下，科技的发展早已蹒跚于西方文明之后。1783年，法国人蒙哥斐尔兄弟发明了大型热气球，率先实现了气球载人飞行。1793年，即乾隆五十八年，英国使臣马戛尔尼携带热气球觐见了清高宗乾隆皇帝。刚愎自用的乾隆帝没能亲眼看到西方人最新的飞行科技，但马戛尔尼却代表西方世界对古老的中国文明进行了一次全面探查，此后英国才有勇气在1840年决定用大炮轰开这一东方古国的大门。

The Reception of the Diplomatique & his Suite, at the Court of Pekin.

1793
乾隆皇帝凝视下的英国

　　这是18世纪英国著名讽刺画家詹姆斯·吉尔雷（James Gillray，1757 — 1815年）的作品，题目是《乾隆皇帝凝视下的英国》。这幅作品描绘的正是1793年9月14日，马戛尔尼使团在避暑山庄觐见乾隆皇帝的情景。画面上，英使马戛尔尼以觐见英王之单膝下跪礼朝见乾隆，而后面的随从则全部叩拜，这显然是作者的讽刺之举。英使对面，乾隆及一班文武侧目睥睨，高傲异常。细观此画，马戛尔尼带给乾隆的各色贺礼中，除了风帆战舰模型、马车模型之外，还赫然出现了一具热气球（作品上表现的似乎是氢气球，但马戛尔尼在回忆作品中曾明确记载他带给乾隆皇帝的是一具可以载人飞行的热气球），只可惜这些包括航空科技成就在内的礼品，均被乾隆视为奇技淫巧。不仅英使为皇帝陛下演放气球和燧发枪的要求被拒（马戛尔尼回忆说是大学士和珅拒绝了这些要求），开埠通商以及派驻大使等请求也未获准。中国再次错过了与西方的交流缓冲期。40多年后的鸦片战争中，马戛尔尼向乾隆展示的战舰打破了中国海疆，而100多年后的八国联军侵华战争中，马戛尔尼带来的氢气球则作为侵略者的览胜工具，升起在北京城上。

（原作藏于英国伦敦国家画廊）

1834
一个12岁女孩眼中的气球与东方

    1834年，一位12岁英格兰女孩伊丽莎白·都铎（Elizabeth Tudor）制作了这样一幅绣品——看来那个时代英国女孩也和东方女孩一样，小时都要学习这类女红活计。绣品采用丝绸和头发在羊毛基底上绣制而成，长宽分别为44.5厘米和34.3厘米。现藏美国史密森尼基金会织品收藏部。这幅刺绣品画面分为上下两部分，上部反映的是典型的欧洲生活场景，下部分则表现遥远的中国，其中有中国式的拱桥和高层阁楼，以及撑着阳伞的中国贵族。上下两部之间，有一只飘行空中的气球——在180多年前的欧洲，人们在掌握了使气球飞行的技术之后，与500年前掌握远洋航海技术一样，最先想到的就是去东方，寻找香料、茶叶、丝绸和瓷器。那时的西方人还只能用白银等贵金属国币与中国交易，而中国却很少进口他们原本信心满满的各色工业制品。在这方绣品完成六年之后，英国舰队兵发广州，发动了第一次鸦片战争。两年后的1842年，中国战败，被迫与英国签订了第一个不平等条约《中英南京条约》。

1843

坐着蒸汽机飞向中国

　　这是一幅1843年印在织品上的广告宣传画。画面表现东印度公司凭借蒸汽动力飞行器建立通往遥远东方的航线。上面的广告词颇具张力——24小时飞到中国。说起这则故事，必须把时钟拨回到1840年。这一年，一个名叫威廉姆·萨缪尔·亨森（William Samuel Henson）的英国蕾丝织造商人，在反复研读乔治凯利爵士关于空气航行的著作后，被飞行器的构想所鼓舞。他找到一位叫约翰·斯特林菲罗（John Stringfellow）的同行，商定一起创业。两年忙碌之后，两人在1842年拿出了一架蒸汽动力大型旅客飞机设计方案，并为之申请了专利。这架翼展近50米的单翼机被命名为"阿利尔"（ARIEL），史学界给了它一个更形象的名字——亨森飞行蒸汽车。

　　商人就是商人，两人提出设计方案的同时，就开始考虑建立一家新公司。1843年，两人联合另外几位投资人共同组建了飞行蒸汽车公司（The Flying Steam Company），这是世界上最早的航空

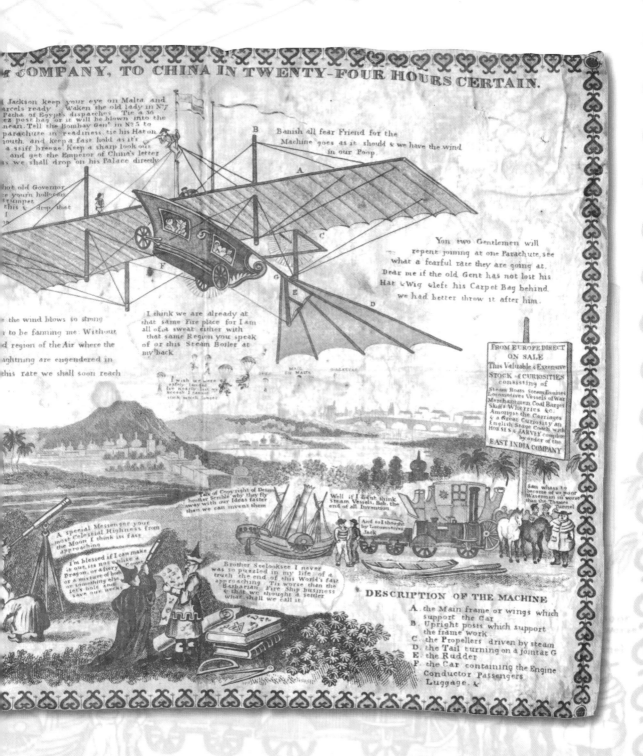

DRAWING A.

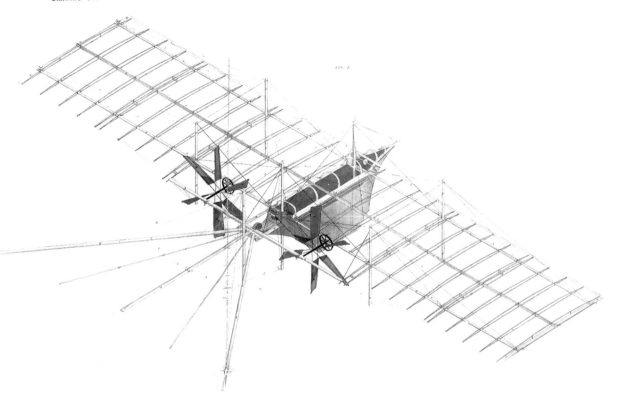

运输公司。亨森和斯特林菲罗一面积极筹备建造飞行蒸汽车，一面准备用它来建立跨国航线，承接远程航空客运业务。他们仿佛已经看到丰厚利润在向自己招手。

　　尽管飞行蒸汽车尚未问世，但公司已经提前展开了强大的广告宣传攻势，此举一来作为商业铺垫，二来也为吸纳更多投资。公司聘请绘画高手绘制了各种宣传品，以细腻生动的笔触描绘了飞行蒸汽车翱翔于伦敦、埃及、印度和中国等地的场景。这些铺天盖地的广告画出现在各种物品上：报纸、杂志、手帕、瓷盘、壁毯，当然也少不了蕾丝餐垫和桌布等等。飞行蒸汽车公司希望借此让公众相信，飞机是成功在望的事物。然而事与愿违，这些广告把大多数人吓得够呛，认为如此破天荒的设想完全是骗子把戏，没人相信那些隆隆作响呼啸在铁轨之上的粗笨金属引擎能把大群旅客送上天。许多精明的投资者也对这种天方夜谭似的全新产业望而却步——当时连具备操控性能的载客飞艇也还未问世。无奈之下，亨森甚至找过凯利爵士，后者认为这一步跨越实在太大，拒绝作为投资人入股，甚至表示在能够飞行的蒸汽飞行车模型建成之前，不会向公众表态支持其创意。

巨大的飞行蒸汽车最终未能建成。亨森与斯特林菲罗在1847年曾制成翼展达6米的大比例模型，然而由于蒸汽机功率不足，模型无法起飞。亨森的信心被现实摧垮，他放弃项目移民美国，在新泽西度过余生。斯特林菲洛又坚持了一年，在1848年制成了使用新型蒸汽机的动力模型，然而飞行测试表明模型仍然只能做笨拙的短距离无控跳跃，至此，斯特林菲罗的信心也走到了终点。

后再回头审视，人们发现作为航空运输产业最早的发起人和失败者，他们留下了丰厚的遗产。当年广为散发的飞行蒸汽车广告让公众们开始越来越认真地面对航空旅行问题，从嘲讽到平静，从戏谑到严肃。今天英国皇家航空学会档案馆仍收藏着1843年亨森发表的飞行蒸汽车设计蓝图，该图绘制精美，布局科学，结构合理，堪称60多年后飞机布局方式的伟大预言。这份蓝图，让世人第一次看到了未来飞行机械究竟该是何种相貌。飞行蒸汽车拥有主翼和尾翼，配有3轮起落架，蒸汽机驱动两副反向旋转的6叶推进式螺旋桨，其机翼采用的翼肋、翼梁加蒙布，再以张线加固的结构方式，居然与61年后莱特兄弟的"飞行者"如出一辙。细品亨森申请专利时提交的设计图，你会发现这些细节全都经过细致考量，完全不是心血来潮的臆想。"阿利尔"的设计促使凯利重新考虑机翼布局方式，提出了多层机翼概念，这一概念几乎被用在所有早期飞机上。影响了一批又一批后来的飞行先驱者。

当初无数人大肆嘲笑载客飞行蒸汽车的大肆宣传，如果那些嘲笑者能活到1903年，他们会发现有一对叫莱特的兄弟，爬上亨森等人的肩膀，放飞了人类第一架飞机；如果他们继续活到1920年，他们会发现载客空中航行已不是梦想；倘若他们还能再活上20年，他们会看到越洋载客飞行也是小菜一碟。亨森和斯特林菲洛的创意，不过是早了些。

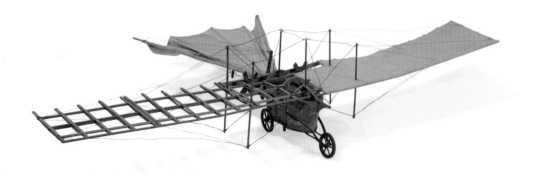

亨森蒸汽飞行车木制模型，它已经成功预言了后世飞机的模样

1847 珠江口之战的参与者们

这幅手绘插图宽55.5厘米，高38厘米，绘制于1847年。作品主要表现1847年4月英军对中国广东发动袭击的主要参与者。画面中的地点是广州的英军营地，画中有约翰·戴维斯勋爵（Sir John Davis）、亨利·波廷格勋爵（Sir Henry Pottinger）和查尔斯·达吉勒少将（Charles D'Aguilar）等人。其中达吉勒少将指挥第18步兵团、皇家爱尔兰团和第42马德拉斯团的印度营等，实施了这次作战行动。不过这些人物究竟哪个是哪个并非我们关注的重点，这幅画面最值得技术控们注意的是这几位"大人物"身旁的武器装备。那些黄铜大炮自然难不倒谁，但是旗杆下方大炮上方那个斜向架设的"大管子"恐怕就很少有人知晓了。如果留意过本书之前介绍过的康格里夫火箭，那么绝对可以立即判断出这便是使用管式定向器的康格里夫火箭发射器。从绘画上看，此时的康格里夫火箭发射管已够长，可以赋予火箭比较好的航向稳定性。当时英国皇家海军许多战舰上都搭载有康格里夫火箭发射器，作为从水面攻击陆上目标的重要武器。当这种拖着火红尾焰的怪兽呼啸着大批飞向目标时，那情景绝对很容易令防守一方精神崩溃。

1871
金陵兵工厂里的黑尔火箭

这张照片拍摄于1871年的南京金陵兵工厂。它的拍摄者是约翰·汤姆森（John Thomson），英国19世纪最为著名的摄影师。1868年汤姆森来到中国，游历4年之久，拍摄了大量照片，真实反映了当时中国的社会风貌。这张照片的珍贵之处在于呈现了许多当年金陵兵工厂研究仿制武器的细节。画面上，两名兵工厂的官员和一名技术人员正在查验兵工厂出品（或保存）的部分武器装备。画面右侧那挺貌似加特林机枪的奇形怪状的武器，其实是19世纪中期比利时工程师和军械设计师约瑟夫·蒙蒂格尼（Joseph Montigny）研制的蒙蒂格尼排枪。这种武器由37根枪管组成，装填工具是一块带有37个圆孔的钢板，每个圆孔内插入一颗子弹，每颗子弹的位置对应一根枪管。击发机构由一

个手柄驱动，顺时针转动手柄一周，全部37发子弹会在不到一秒的时间内全部射出。如果射手愿意，他也可以通过控制摇动手柄的速度让每根枪管以任意速度依次击发。击发完毕后，只要把装填弹板向上提起，就能把弹板和37枚空弹壳一起取出，然后射手要做的就是重新装上一块插满新弹的装填弹板（照片中排枪车架后方地面上那个"蜂窝煤"状物体就是），并重新进行装填和击发程序。按照当时的记录，一个操作娴熟的蒙蒂格尼排枪操作组的平均射速为每分钟12次齐射，即444发子弹。照片中蒙蒂格尼排枪后方的那辆双轮车，是该排枪配用的专门前车，上面装载有2100发特别设计的夏赛波步枪弹（Chassepot）。这张照片中的37管蒙提格尼排枪，应该是比利时政府当时试图向中国出口而提供的样品。这种武器参加了普法战争，表现不佳。清政府经过考察之后，最终没有大量引进。

从航空的角度看，照片中左侧那位官员身前的武器更具典型意义。

那个三角钢制作的倾斜支架，是一具火箭发射架。发射架上摆放着一枚火箭弹，旁边的地上也散落着一枚。熟悉火箭武器的朋友们立即可以辨别出，这是闻名世界的英国黑尔火箭。它的发明人威廉姆·黑尔（William Hale）是英国人，也是一位自学成才的工程师和发明家。1839年，黑尔开始研究如何改良火箭技术。在法国和美国的战争实践显示，如果火箭能够像子弹一样在空中旋转，那么其精度会显著提高。经过5年努力，他在1844年发明了一项被称为"旋转式或无尾式火箭"的专利技术。黑尔取消了康格里夫火箭长长的尾部定向杆，通过为火箭设计倾斜的排气孔，在喷口部位安装辐射状叶片使得弹体产生旋转，起到自主稳定的作用。这项革新获得了专利认可。

　　黑尔火箭首次用于战争是1846—1848年的美墨战争。在1847年3月围攻维拉科鲁兹之战中，美军150人的火箭旅向要塞发射了数百枚黑尔火箭。当时美军使用的主要是直径2.25英寸（约5.715厘米）的6磅火箭。3月29日，维拉科鲁兹在美军炮火和火箭的连续轰击下宣告投降。随着美墨战争结束，美国火箭旅宣告解散。美国南北战争中，南军曾经使用过黑尔火箭，但是战果并不突出。1852—1854年的克里米亚战争中，英军使用过黑尔火箭。由于常规火炮射程、精度和可靠性的迅速提升，1860年以后黑尔火箭的使用迅速减少。到1900年时，黑尔火箭已经开始逐步淡出。1919年英军正式撤装黑尔火箭。1871年时，黑尔火箭在精度和射程上都已经难以匹敌先进火炮，因此才被作为陈旧武器向中国输出。对于当时的中国而言，选择权与辨识能力都是严重的问题。但这些装备至少是一扇了解西方军事装备技术的窗口，为中国军事装备近代化起到了重要推进作用。

　　说点儿题外话。题图照片中地上躺着的那门钢炮可不简单。炮身上刻着密密麻麻的文字。好在我们这张反转片清晰度足够，放大再放大，我们能读出上面大部分文字：太子太保协办大学士直隶总督部堂二等肃毅伯李……同督三品衔江苏候补道刘佐禹监造。这段文字几乎道明了初创时期金陵制造总局的面貌——这个二等肃毅伯李便是金陵兵工厂的创办者李鸿章，而这位三品衔江苏候补道刘佐禹，就是金陵制造局首任总办。

1884 新样气球

中国最早的旬刊画报《点石斋画报》（1884—1898年）曾介绍过许多近代西方科技成果。这幅1884年某期画报中刊发的《新样气球》就简明而生动地介绍了当时军用氢气球的技术和使用情况。画面上描绘了一只飞行在河流上方的巨大氢气球，画面左侧有中国城墙，下方还有飘扬着类似法兰西三色旗的西洋船队。画面右上角附有说明文字：

巧夺天工之说，昔有是言，今有是事。从前普法相争，用气球以为间谍。传此球制向以皮为，今用上好纯丝织造而成，中实以药炼之气，下垂一筐，人坐筐中，嗣恐球落之时适当洋面，乃易筐而为船，帆橹具备，即坠海亦能破浪乘风，无沉溺之患。夫船可游于水底，球可浮于青空，列子御风而行，犹觉其艺之未尽精纯，而后来者可以居上矣。

限于当时画报主创人员的科学素养，这段说明文字并不准确，至少不够准确。首先最早的氢气球并非使用皮革制造，而是外覆橡胶的织物；其次氢气球中填充的氢气在当时的中国尚无准确认识，因此含糊地介绍为"药炼之气"（估计编辑联想到了古代炼制丹药的方家）；再次，侦察用氢气球下方从未使用过船，当时这类气球多以系留方式工作，基本不可能会掉到水里。最值得注意的是，画面中的气球上写着SALADIN字样，这显然是英国"萨拉丁"军用氢气球。"萨拉丁"在航空史上是一个悲剧的名字。1881年12月10日，英国议员沃尔特·鲍威尔（Walter Powell）、坦普勒上校（Captain Templer）和艾格·加德纳（Mr. A. Agg-Gardner）三人跨进"萨拉丁"吊篮，从英国萨默塞特郡升空。这次飞行是英国气象学会组织的，"萨拉丁"则是从英军借来的。气球经过埃克塞特到达多塞特郡，气球上的人准备在布里奇波附近下降，但是气球在落下时撞上了地面，坦普勒被抛出了吊篮。撞击的力量加上重量的减轻（少了一名乘员）让气球重新上升，加德纳从大约8英尺（约2.4米）高度跳下来，摔伤了腿。这样一来吊篮里的载荷进一步减轻，气球上升得更快，此时鲍威尔还留在吊篮里。风把气球吹向东南方向的大海，从此宣告失踪。

这幅版画表现的便是当年的英国"萨拉丁"气球

1884
中国总督与法国气球

    这套法国商业机构印制的集藏卡片因为表现了与中国有关的一次重大军事行动而变得十分特别，自然也十分珍贵。如今美国国会图书馆和华盛顿航空航天博物馆都各自珍藏有一套。这套卡片全套10枚，如果把它们按次序排开，会串联起一个相对完整的情节。最开始是一个体态肥胖的中国官员带着一群兔子（不知是否他的宠物，抑或法国人是打算表现其财富）在城头上悠哉游哉，并不担心侵略者攻入城中。渐渐地远处天空中出现的奇怪飞行物引起了中国官员和兔子们的注意，他/它们纷纷翘首仰望。随着飞行物逐渐接近，他/它们看清了，那是一个很大的气球，吊篮下方坐着不少法国士兵。中国官员惊慌失措，带着兔子打算逃窜，但此刻气球已经着陆城头，法国士兵俘虏了中国官员，抓住了他的兔子们，然后开始举行盛大的兔子烧烤庆功宴。这套卡片表现的是历史上真实发生过的中法战争，具体描述的是1884年3月12日越南河内附近的北宁之战（Battle of Bac-Ninh），这次作战中清军由于指挥不力，最终失败。但法国人这套卡片也并不真实，显然是戏谑地吹嘘自己的胜利。当时法军的确装备有气球，但只是侦察用氢气球，最多只能搭载一两个观察人员，并不具备运兵参战的功能。在北宁之战中，法军记录显示曾动用过侦察气球，对清军布防情况进行观测，并指挥法军炮兵实施比较精确的射击。

33

1887
天津武备学堂的气球试验

这是1887年《点石斋画报》刊载的《演放气球图》。这幅作品蕴藏着丰富的历史信息：它记录了李鸿章创办的天津武备学堂试制氢气球的实况。更为难得的是画中附带的说明文字，清楚记述了当时的情景：

气球创自泰西最，利行军妙用。中国人则尚仅见天津武备学堂于八月间制成气球，安排氧气炭气满贮球中。既藏事，海军盛军各统帅及各路防营统领如期而集，茶火军容，观者倾巷。初是丁禹廷军门、刘子芗镇军坐入篮舆，叱令启机上驶，升至数十丈旋即鸣号落下，次及贾制坛、卫达夫两总统，又次及某菌门等相继偕升如摩霄之雕、搏风之鹏。洋洋乎诚钜观也，而各军门以柱石之躯高升远眺以备有事之用。其胆略卓识讵不加人一等哉？

天津武备学堂原有大小两具气球，是李鸿章花近2万两白银购进的法军二手气球。每升空一次，都得将球体覆罩大网，下端边系沙袋多只，球下悬挂一竹筐，其内可坐5人。氢气一经灌足，便除去沙囊，球体自然扶摇升起，待从地面看如足球大小打住，空中停留24小时后再降落收回。后来为向学员教授制造和使用方法，天津武备学堂考虑自行仿制气球，但是德国教习不相信中国人能做到。1887年华蘅芳到天津武备学堂任教后，大胆尝试，当年即试制一枚直径5尺（约1.7米）的小气球，用镪水（即硝酸）制成氢气灌到球中，当场演示升空成功。这是中国人自行制造的第一个氢气球，虽只不过是个玩物，但也大长了中国人的志气。华蘅芳是我国早期掌握和传播近代科技的代表人物，毕生致力于研究、著述、译书、授徒，工作勤奋，敝衣粗食，淡泊名利，不涉宦途，在科技方面做了大量的工作。

1887年8月7日，武备学堂试放大型气球，高达一百五十丈（500米），周馥、杨宗濂、杨藩甫、孙筱槎等轮流乘球而上，飘飘乎如如羽化登仙，但正式演放那天，李鸿章却因公事没来。当年《点石斋画报》刊登气球正式放飞的场面，驻守小站的周盛传、周盛波及北洋水师的丁汝昌等高级将领都到现场观看，且亦轮流登上气球做了升空体验。

1900
气球下的紫禁城

　　1900年8月，北京城内一只氢气球缓缓升起，吊篮里坐着一名抱着相机的法国军官。气球升空之后，他按下快门，拍下一组俯瞰北京城的照片。当时，自大沽口登陆的八国联军已经攻克北京，光绪皇帝和慈禧太后逃离北京"西幸"。在进入北京的法军中携带了当时最为流行的航空侦察装备——氢气球。进入古老的北京城，已然不需要再与中国军队厮杀，于是法军在城内升起的氢气球，为北京城留下了最早的航拍照片。能缓缓升入空中的巨大气球，对于许多尚且留着大辫子的京城居民而言是绝对的新鲜事儿。这不，他们围着法军的气球，虽然是背对镜头，但我们能想象这些同胞惊奇的目光。

　　1902年法国出版了一本名为 *La Chine A Terre Et En Ballon*（意为《气球下的中国》）的图册，其中收录了1900年法国远征军3名下级军官拍摄的272张关于中国的照片，其中航拍照片有12张，8张是北京城，4张是天津城。从照片推测，当年法国远征军官兵把气球运到西苑（今北海公园）琼华岛东侧，升空后分别向东拍摄了景山、向东南拍摄了紫禁城、向西拍摄了琼华岛白塔；然后热气球由地面人员牵引移至西安门东侧，摄影师又向北拍摄了西什库教堂东北角炸药爆炸后的巨大弹坑、向西拍摄了西什库教堂、向东拍摄了景山、金鳌玉蝀桥和紫禁城、向东南方向拍摄了已经腾出但尚未拆除的旧蚕池口教堂。此外法军气球还曾在东交民巷法国使馆附近升空，向东南拍摄了被战火蹂躏过的使馆区。在天津，法军气球上拍摄了海河上的浮桥和天津火车站、海河南段的民居、天津内城，其中旧城北门清晰可见，还有被毁的使馆区。

■ 1900年8月八国联军攻克北京后，法军在北京城内释放氢气球

■ 航拍的北京西什库教堂一带。西什库教堂东北角原附建有仁慈堂，1900年该堂被义和团埋设炸药炸毁，留下了深7米、直径近40米的巨大弹坑

1904
气球侦察旅顺口

　　1904年7或8月的某天，旅顺口附近一片玉米地里，一名日军摄影师启动快门，把一只日军侦察气球、一名日军气球队士兵和一名中国男孩一同收入镜头，当时正值日俄战争旅顺攻防战中。想来当时的天气应该比较炎热，而当时日军还没有开发出"二战"军帽后方的防尘帘，这名日军士兵干脆在军帽下方垫了条白手巾，全当防晒用品。这具气球隶属于日军第三军，司令官是乃木希典。拍摄这张照片时，日军显然正打算利用侦察气球对俄军据守的旅顺要塞进行侦察，以便查明敌军火力和兵力配属，对要塞的布局和构造进行了解。从照片上看，这只日本侦察气球应该是山田式气球。气球下方设有吊篮，可以搭载一名侦察军官升空，依靠望远镜实施远距离观测。通过一根牵引索，地面上的一队士兵能拖曳气球进行移动，在最有利的地点进行观测。虽然前一年美国人莱特兄弟已经发明了飞机，但当时尚处于保密状态，世界上大多数国家还不知道人类已经实现了动力飞行。另一方面，当时的飞机带一名飞行员飞起来都够吃力，更不要说担负军事侦察任务了。正因如此，在1904年日俄战争爆发时，担负军事航空侦察的主角仍然是气球。日军当时使用的气球是氢气球，尽管在野战中携带和加注氢气十分危险，但在当时的技术条件下，只能用这样的危险换取军事侦察的优势。

（原照藏于瑞典数字博物馆）

Japanese war balloon reconnoitering the Russian position at Port Arthur
(looking north.)   Copyright 1904 by Underwood & Underwood.

A modern War balloon in use by the Third Japanese Army, in a cornfield near
Port Arthur.   Copyright 1904 by Underwood & Underwood.

39

Japanese war balloon rec
(looking north.)

1907
中国大使与美国气球

　　这张照片拍摄于1907年2月23日，地点是美国华盛顿特区的汽灯公司广场。画面里，一群人簇拥着一只巨大的气球，意气风发地等待摄影师按动快门。首先说说这只气球，它叫作"美利坚号"（America），此刻正在当地做公开展出。气球的所有者兼飞行员，便是站在吊篮里高居人上的那位戴礼帽男士。是美国著名飞行家詹姆斯·科姆利·麦考伊（James Comly McCoy），是美国最早赴法国学习气球驾驶的人之一，1907年从巴黎圣克劳德首次升空，1908年8月11日成为美国首位获得国际航空联合会（FAI）颁发的航空B类（气球类）执照的人。1911年成为美国陆军航空学校校长。

■ 美国华盛顿当地社会名流与美国著名飞行家詹姆斯·科姆利·麦考伊及其气球合影，1907年2月23日画面左起第二人，就是穿着华贵毛领大衣的人，叫查尔斯·德福莱斯特·钱德勒（Charles deForest Chandler，1878—1939年），美国著名军事飞行员，也是美国信号部队航空分队的首任指挥官。正是这支小小的飞行队，后来成为美国空军的前身。他还干过一件大事——成为首位从飞机上射击轻机枪的人。

在钱德勒左侧拎手提箱的微胖绅士同样大名鼎鼎，他是阿兰·霍利（Alan R. Hawley，1864—1938年），美国早期飞行家。1910年他驾驶自己的"美利坚II"号气球赢得了全国飞行比赛冠军。从1913—1918年，他还担任了美国航空俱乐部主席。

在吊兰吊索支撑环左侧，被遮住半个下巴的戴平顶帽者叫利奥·史蒂文斯（Leo Stevens，1877—1944年），他不仅是美国早期气球飞行家：1889年他12岁时就乘坐气球，20岁就制造气球和飞艇。1895年，他从加拿大蒙特利尔一座教堂尖塔上完成了首次跳伞。1906年，史蒂文斯成为美国最早几位飞艇飞行员，1909年开办了美国首个私人机场。

气球吊索支撑环下方右侧留胡子那位是阿古斯塔斯·波斯特（Augustus Post，1873—1952年），美国早期飞行家兼作家。他从1900年开始气球飞行，是美国最早的飞机飞行员之一，曾担任美国航空俱乐部秘书长达20年之久。1919年正是因为他的文章宣传，从纽约到巴黎的单人不着陆飞行大奖赛才声名鹊起，吸引无数飞行达人加入，最终查尔斯·林德伯格（Charles Lindbergh）在1927年成为最终的赢家。

右数第二人，就是拿着手杖那位，叫作查尔斯·弗林特（Charles R. Flint，1850—1934年），他是美国计算–制表–记录公司（Computing–Tabulating–Recording Company）的创立者，这家公司可能没几个人知道，但它后来发展出来的企业是绝对世界级巨头——IBM。由于出色的融资能力，他被誉为"信托之父"。弗林特是活力四射的运动爱好者，除了游泳、打猎、钓鱼、航海，还特别钟情航空。正是在他的热情资助支持下，美国汽车俱乐部得以成立。莱特兄弟向海外销售的首批飞机，就是经过他的公司达成的。

画面最右边那位是位高级将领——海军上将科尔比·切斯特（Admiral Colby M. Chester，1844—1932年），他是美国海军中唯一先后参加过南北战争、美西战争和第一次世界大战的将领。

说了这么多名人，现在该来说说各位最为关注的那位，就是画面正中位置那

曾任中国驻美大使
的梁诚曾极力争取
美国政府同意退回
部分庚子赔款，为
中国兴办教育做出
了积极贡献

位头戴瓜皮圆帽着披风的中国人，他是当时清政府派驻美国的公使梁诚（1864—
1917年），在他前方侧面一身西式打扮的男孩，是他的儿子。梁诚原名梁丕旭，
号震东，广东番禺县人。1875年未满12岁即考取第四批留美学生，在美国麻省
安度华学院求学，1881年回国，在总理衙门供职，期间曾随张荫桓公使（此公有
一位女性后人后来成为一代武学宗师叶问的妻子）赴美，任使馆参赞，从此开始
了他的外交官生涯。任满回国后，曾两次跟随我国特使，先后赴英国和美国，表
现了爱国精神和出色的外交才能，博得赞誉。1903—1908年间，梁诚以三品卿
衔任中国驻美大使，并代表中国出访美洲多个国家。在驻美大使任上，梁诚最卓
有成效的一项外交工作便是抓住美国政府就庚子赔款索赔数额核实之机，利用索
赔数额虚高的事实，通过各种机会在美国政界游说，最终说动美国政府做出决
定，退还虚高的部分款项，为中国争回了部分权益。而这批巨额退款，也在他的
建议之下，被用在了兴办教育和外派留学生上。著名的清华大学，就是利用庚子
赔款退款所建，该款还用来设立庚子赔款奖学金（Boxer Indemnity Scholarship
Program），资助了许多中国青年学生踏上赴美求学之路。

1908
太湖秋操

1885年中法战争中，法军屡遭冯子材痛击，为扭转局面，遂动用军事气球进行空中侦察，此举引起李鸿章的关注，他认为"中国应添设此气球专队，实行练习备用"。1887年，天津武备学堂试制成功直径数尺的小型氢气球，轰动一时，但未能投入使用。光绪帝叹道，"以偌多银两造成玩球，违我初衷"。1908年初，清政府为建设新军，从日本购置两只山田式气球，据此清政府成立了湖北陆军第八镇气球队，并参加了当年10月的秋操，引起极大轰动。清末"陆军气球队"的成立，标志着中国军事航空的发端。这张照片生动反映了1908年湖北陆军在太湖秋操中使用日本山田式气球的场面，画面中硕大的气球已经升起，地面上那些球形的"小气球"其实是容纳高压氢气的储气容器，负责向大气球的球囊内充灌氢气。氢气属于易燃易爆品，运输和使用都需要严格的安全操作规程，稍有不慎就可能酿成惨祸，因此当时使用氢气侦察气球并不是一件容易的事情，需要很多人员合力"伺候"。

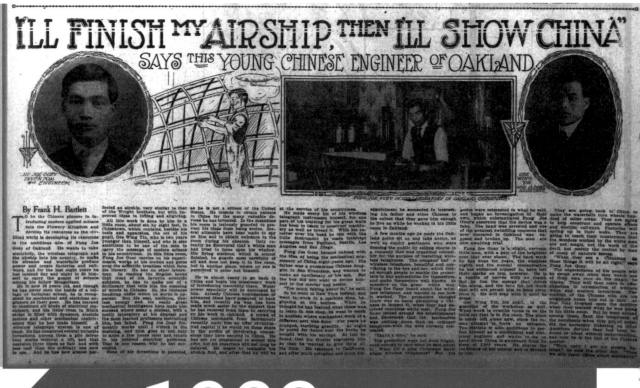

1909 我将完成 我的飞机并回到中国

这是一张1909年5月23日美国出版的《旧金山星期日呼声报》，如今收藏在美国国会图书馆。这张报纸上题为《我将完成我的飞机并在中国表演》的报道，是对中国飞机之父冯如最为丰富的一则原始记录。报道中这样写道：

冯如，一个住在奥克兰的中国小伙子，立志成为一个将西方先进技术引入古老中国的先驱。在过去的8年里和他的蒙古朋友们（著者：当时有些西方媒体把中国人混同于蒙古人）一起为实现这个梦想夜以继日地学习和探索。冯如始终相信，诸如蒸汽机和电报这些西方先进科技产品一旦得到推广和普及，落后的中国就能像当今的欧美大国一样，工厂林立、火车轰鸣，走上一条富强的道路。

26岁的冯如并没有受过机械或者电气方面的专业高等教育，但是过人的天赋却让他在同龄人中脱颖而出。在其他人眼中冯如是一个天才的机械师和电气专家。

在他位于第9大街的小房子里，冯如尝试制作各种电动和机械设备，整间屋子几乎全部被他制作的各种发电机和电动机所占据。在冯如制作的各种电气设备中，还有像电报机这样的高科技产品。另外，冯如还发明了一种实用的打桩机，由于在原有设计基础上进行了改进，冯如打桩机的打桩速度是普通打桩机的三倍，成本却便宜许多。冯如最新的产品是一架即将完成的飞机，从外形上看，这架飞机酷似出自莱特兄弟之手，但是冯如在飞机俯仰控制方面进行了改进。

冯如的一切发明都是在他位于中国城（唐人街）一间的小房间（1.8米宽，2.4米长）里完成的……他翻阅过的科技论文数量庞大，堆积起来俨然成了一座图书馆。冯如每天工作到凌晨3点，睡上几个小时便又投入工作，这就是他能成功的原因之一。对于冯如来说，眼下最紧迫地就是要尽快完成飞机的建造。之后，他将回国帮助中国同胞。

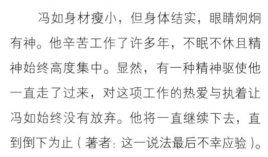

冯如身材瘦小，但身体结实，眼睛炯炯有神。他辛苦工作了许多年，不眠不休且精神始终高度集中。显然，有一种精神驱使他一直走了过来，对这项工作的热爱与执着让冯如始终没有放弃。他将一直继续下去，直到倒下为止（著者：这一说法最后不幸应验）。

在当时，制造水利机械和蒸汽火车这些新奇玩意儿在他家乡的人看来是魔术或者是神仙才能造出来。冯如要让他们明白，这仅仅是因为人懂得了自然规律并利用了这些规律的结果，"当他们看到中国人也能做出同样的事的时候，一切就都好起来了"。冯如认为，当中国人看到自己的同胞也可以完成这些所谓奇迹的时候，就会放弃固有的迷信思想。如此一来，也会消除对西方科技发明的抵触情绪。冯如在美国的中国邻居已经证明了这一点，起初，他们对冯如在小屋内进行发明试验的做法非常不解，但是，当冯如来到他们中间，为他们安装电话、修理机器设备之后，这些想法就都不复存在了。现在冯如已经是美国华人圈里的偶像。"等到我的飞机完工"，冯如说，"我将引导中国进入电气时代。"

1910涛贝勒，我是布莱里奥（1）

　　1910年5月，大清国郡王衔贝勒、军谘大臣载涛率团出访西方列强考察军事，此时距离推翻清王朝的辛亥革命时隔仅一年多。此次考察的重点之一，是欧洲的航空装备技术。5月16日，载涛一行造访了巴黎郊外的伊瑟雷莫里诺机场——这里曾是早期飞行家们云集的"飞行圣地"。载涛此行留下来的历史资料相当有限，但我们还是要感谢法国新闻界那些恪尽职守的摄影师们，他们用镜头给我们留下了当年中国代表团参观伊瑟雷莫里诺机场的场景。从照片看，载涛在伊瑟雷莫里诺至少见到了3位航空史上的大腕儿，他们分别是布莱里奥、阿尔弗莱德·勒布朗（Alfred LeBlanc）和亨利·多伊奇·默尔特（Henri Deutsch de la Meurthe）。这张照片上，法国最为杰出的早期飞行家布莱里奥头戴鸭舌帽，右手平伸，显然是指着远处的飞行器在为载涛讲解，对面的载涛戴着眼镜，头戴六合一统帽（俗称"瓜皮帽"），身着质地考究的绸缎马褂和高领坎肩，双手相握，借助一名法籍翻译认真地听着。身后一位身材微胖的官员，是中国使团首席随员，曾任中国出使奥地利大臣、光禄寺卿以及江苏、河南、浙江按察使的李经迈，他的父亲便是晚清重臣李鸿章。这张照片与历史文献中关于布莱里奥曾为载涛讲解布莱里奥XI的设计和性能特点等记述暗合。法国方面的记载提及，中国代表团非常渴望了解西方航空技术的发展状况。这一心态可以理解，晚清政府许多人认为中国之所以贫弱，是因为科技不如西方列强，因此主张西学。很少有人提及或不愿提及，中国落后的真正原因是陈旧腐朽的封建政体。

ROL 10599 - K137126

1910涛贝勒，我是布莱里奥（2）

1910年5月16日，大清国郡王衔贝勒、军谘大臣载涛率团访问巴黎郊外的伊瑟雷莫里诺机场。这张照片上，载涛正与一名头戴飞行帽的法国飞行员谈笑风生，其左侧是李经迈，右手边笑容可掬的是禁卫军训练大臣爱新觉罗·良弼。1842年8月29日在南京江面上与英军签订《南京条约》的大学士伊里布，便是良弼的爷爷。那位与中国代表团交谈的法国飞行员，则是法国飞行家阿尔弗莱德·勒布朗。他是飞行达人布莱里奥的合作伙伴，在布莱里奥飞越海峡的行动中，他是后勤总管，负责打理一切勤务保障事务。后来又成为购买布莱里奥飞机的第一人，同时还是布莱里奥飞行学校招收的第一名学生，也是通过飞行考试从法国航空俱乐部获得飞行员资质的第二人。他后来成为一名出色的飞行教员，还对新制造的布莱里奥飞机进行验证飞行。在勒布朗身后那位身着考究西装，头戴礼帽、留着优雅之至的亚瑟王式络腮胡子的那位也是一大腕，虽不是飞行员，但他对于法国乃至人类飞行技术进程的促进作用，却远超过一名飞行员。他就是亨利·道伊茨。此人是法国石油商人，并非一般的土豪暴发户，而是一位对航空有着强烈兴趣的知识型大款。人家有了钱，没有去花天酒地无边无际地炫富烧钱，而是设立多项巨奖鼓励航空先驱们突破一个又一个飞行极限。道伊茨还是法国航空俱乐部的创始人。1901年10月19日，杜蒙驾驶6号飞艇用时29分30秒完成环绕埃菲尔铁塔飞行，赢取了一笔100000法郎的奖金，这个奖项就是道伊茨设立的。道伊茨不是技术专家，也不是飞行家，但他用自己的财富鼓励和支持了人们的进取精神，在航空史上，道伊茨是一个不能被遗忘的名字。

1911 冯如二号真容

冯如回国后装配的飞机，和最初的冯如二号相比，该机前面的升降舵已经取消为单片，双层机翼中间的独立副翼已经取消，采用了常规副翼设计，下层机翼末端安装了护翼撬

　　按照撰写初期的基本原则，本书需要用原始的照片、图画或者档案来展现历史事实。但是对于中国飞机之父冯如制造的飞机，我们却只有当年报纸刊登的潦草图像，实在无法反映冯如设计的飞机翔实的外貌。为此，我们特别聘请艺术家根据这些图像，用3D建模的手法复制了冯如的作品。

　　1909年9月16日，冯如在奥克兰首次试飞的那架飞机，历史上被称作"冯如一号"，但试飞时因为发动机温度过高停车未能成功。9月21日傍晚，"冯如一号"再次试飞。飞机顶着强风起飞，升至10—15英尺（约3—5米）高度，环绕小山丘飞行，总共飞行了约800米。但遗憾的是，飞行即将结束时，飞机螺旋桨突然断裂，飞机坠落地面，冯如被抛出机外，所幸未受伤。这次飞行不能算是完满成功。即便如此，当时中西报刊仍然竞相报道此举，盛赞冯如为"东方的莱特"，并惊呼"在航空领域，中国人把白人抛在了后面！"

此后，冯如又花费大量时间和精力对原始设计进行了重大改进，制造了"顿异前制"的"冯如二号"飞机。1911年1月18日，冯如驾驶"冯如二号"飞机进行了完美无瑕的试飞，大获成功。这架飞机虽然参考了美国飞行大师柯蒂斯的A型机，但做了大量改进，比如用8条槐木条替代钢管做出了机身的"梭形"（菱形）构架，结构重量大大降低。同时，在机身机翼连接处采用了冯如自己设计的"螺栓＋铆眼扣"双重结合工艺，增加了结构的牢固度。"冯如二号"的方向舵位于尾部，双层升降舵依然放在机头前面，可见它还是采用了鸭式布局。只是起落架已经非常接近法曼的样式：采用了前三点轮式构形。得到公认的是，与柯蒂斯A相比，二号机外观上最明显的不同是将油箱从上层机翼的下方移到了上层机翼的上方。根据航空师专家陈应明老先生的考证，二号机与寇蒂斯A的其他不同之处还有：尾翼撑架多了2个加强支柱、翼展短了6英寸（15.24厘米）、机高高出5英寸（12.7厘米）、总重重了约25磅。如果按照陈先生的意见、以寇蒂斯A的参数为基准，那么二号机的参数似乎应该推定为：翼展8.65米、机长10.2米、总重261千克。纵览其他历史文献，到1911年2月为止，"冯如二号"最佳飞行性能已可达到：最大时速105千米（一说76千米）、最大飞行距离35千米、最大飞行高度260米。这在当时是相当不错的性能。冯如的飞机从1909年首次飞起，到1911年完美的成功，为中国人争了光，让西方人对于中国人的智慧与勤奋刮目相看。唯一的遗憾是，冯如致力于飞行的岁月，正值中国动荡年代，他的飞机无法真正推动祖国的工业文明的步伐。

■ 艺术家用3D模型再现的"冯如二号"原貌

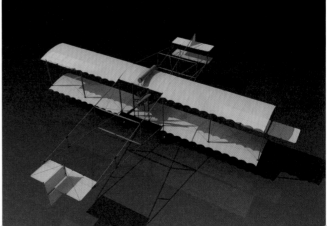

1911
辛亥革命

1911年10月10日，武昌起义爆发。10月12日，武汉三镇全部光复，自此以后各省纷纷响应，宣告独立。中国封建时代的大幕飞快落下。这是当时美国杂志刊载的一幅插画，题为《中华民国军占据汉口之图》，表现的内容，显然是革命军攻占汉口的情景。画面上，打着青天白日满地红旗帜的革命军正向汉口进击，远处黄龙旗下的清军正在溃退。最吸引人眼球的，是汉口上空的一架飞机和一只气球，事实上在光复汉口的战斗中，双方并未动用军用航空器。在1911年这个当口，清军（即使是新军）也尚未装备用于侦察或作战的飞机，其军事侦察主要依赖进口的氢气球。当时归国的冯如确曾打算驾驶飞机加入作战，但随着南北议和成功以及清帝退位而未能成行。画面中这陆空协同的场景，完全是西方艺术家的臆想。本图中另一臆造之处在于，武昌起义期间革命军使用的旗帜并非图中所绘之青天白日满地红旗，而是铁血十八星旗。

（图片来源　美国国会图书馆）

中華民國軍佔據漢口之圖

THE CAPTURE OF THE CITY OF HANKOW, CHINA, BY THE REVOLUTIONISTS 1911.

Copyright 1911 by Joseph Koehler Inc.   150 Park Row N. Y.

黎元洪

Tom Gun. The Chinese Aviator, His Trophies

1912 谭根的荣耀

　　这张照片拍摄于1912年5月，拍摄地点是美国加利福尼亚的圣迭戈。拍摄者为它取的题目是《谭根，中国飞行者和他的奖杯》(*Tom Gun – The Chinese Aviator and His Trophies.*)。作为华裔早期飞行家的杰出代表，美籍华人谭根的英文名字是Tom Gun，他在1912年夺得了美国旧金山举行的万国飞机制造大会比赛冠军奖。照片上的谭根头戴皮革飞行盔，风镜被推到上方，右手举着硕大的奖杯，左手则拿着交叉的美国国旗和中国国旗。

　　谭根的早期飞行活动集中在夏威夷地区。1913年7月5日，谭根在夏威夷斯科菲尔德兵营（Schofield Barracks）进行飞行表演前的准备工作。他把这种表演称作是"杂耍戏法"，以各种惊险动作打动观众。谭根还打算搭乘一名当地人上天进行一次载人飞行展示。谭根和他的兄弟谭文（Tom Wing）一道装配飞机，准备进行夏威夷有史以来最为大胆的飞行表演。观众中也有两人报名作为志愿者乘坐谭根的飞机参加表演：一个是当地的裁缝；另一个则是帝国大戏院的女检票员。

7月8日，谭根进行了25分钟的精彩表演。当日谭根进行了第二场表演。当天两场表演并非公开，观众仅限于军方、新闻记者和一批专门选定人员。7月13日谭根对全体公众进行了一次公开飞行表演。当天午饭后，谭根搭载夏威夷历史上首位飞机乘客升空，为了安全考虑，他仅仅在低空直线飞行了一段即行着陆。在最后一次搭载乘客飞行中，飞机螺旋桨突然损坏，后续的表演只能取消。

一位曾经目睹谭根表演的叫作"淳"（H. F. Chun）的瓦希阿瓦人在30多年后这样回忆：我真的没有因为自己看到的一切而倍感惊奇。我想那是因为谭根在操作飞机起飞时遇到了太多麻烦（在我看来这句话的含义是谭根在那次表演前折腾了很久都没能飞起来）。像许多其他人一样，我很早就离开了。看起来（飞机）根本不像是未来的交通方式。但是就像后来历史证明的那样，谭根为夏威夷的航空史做出了贡献。

谭根后来为自己的飞机安装了浮筒。10月2日他从火奴鲁鲁港起飞。这是夏威夷的首次水上飞机飞行。那之后，谭根宣称可以收费载客飞行，每人25美元——这在当时不算便宜。此时又一位女士第一个吃螃蟹，她交了25美元，享受了一次港口上空的15分钟观光飞行，由此这位叫作纽曼夫人的女士也成了夏威夷历史上第一位付费飞机乘客。后来谭根把飞机运往马荣岛（Maui）并在那里为岛上居民进行了首次飞行表演。1914年，在夏威夷日裔报纸和华裔运动联合会资助下，谭根又在1914年1月在珍珠港做了飞行表演。在夏威夷，谭根的名字就是航空的代名词，他优雅的仪态、精湛的飞行技术让他被誉为"飞行员的飞行员"（pilot's pilot）。

1914年谭根回到中国，担任过中华革命军飞机队队长。1915年曾应邀在广州、香港、澳门等地做飞行表演。在澳门表演时，万人空巷，为澳门首次飞行表演。其后筹建广东航空学校，任飞行主任。1918年后改行经商。1916年参加广东护国军，任讨袁航空队队长。

1919年10月，谭根从远东返回旧金山。他告诉新闻媒体，自己离开夏威夷后曾在菲律宾进行飞行表演，并进行过菲律宾最早的航空邮政飞行——他还飞越了菲律宾海拔2416米的马荣火山，创造了当时水上飞机世界飞行高度的最新纪录。然后他启程前往中国。返回中国后谭根主持过民国政府航空工作，也就是在那一个时期中国政府购买了18架美国飞机。谭根对新闻媒体所说的话，深刻反映了当时的中国："中国北方属日本的势力范围，南方各省则对中央政府心存戒心。这种不满和罅隙不久将成为公开叛乱的导火索。"

壮絶快絶剛膽ナル日本海軍飛行隊之爆彈投下 （其十八）

THE ILLUSTRATION OF THE GRAET EUROPEAN WAR. NO.18. THE JAPANESE HYDROAEROPLANE AERIAL SCOUTING FLIGHT OVER TSINGTAU AND DROPPED BOMBS UPON TH

58

1914
轰炸青岛

欧洲大战乱

TOWN AND BARRACKS.

　　这幅日本东京尚美堂（Shobido & lo.）1915年印发的杂志插画，表现的是100年前第一次世界大战中的一幕：1914年青岛战役中，日本海军水上飞机母舰"若宫丸"号搭载莫里斯·法尔曼水上飞机飞临青岛，实施侦察并展开空袭。"若宫丸"是日本第一艘载机母舰，1914年8月服役，排水量7720吨，由日俄战争中缴获的俄国运输船改造而成，可搭载4架法式莫里斯·法尔曼水上飞机。1914年9月6日，日军水上飞机攻击了胶州湾的奥匈帝国巡洋舰"凯瑟琳·伊丽莎白"号和德国炮舰"黑豹"号，但没有命中。此外，水上飞机还空袭了青岛德军的陆上通信设施和指挥机构。从9月到11月围困青岛期间，"若宫丸"上的水上飞机总计执行了49次空袭任务，投弹190枚。这是人类历史上最早由海军航空兵发起的空袭行动。

　　1920年4月"若宫丸"改装成一艘更接近现代意义的航母，更名"若宫舰"。同年6月完成了日本首次航母舰载机舰上起飞试验，其经验为日本海军"凤翔"号航母（该舰也是世界上第一艘专门研制的航空母舰）的研制奠定了基础。

（图片来源　美国布朗大学图书馆）

ING FLIGHT OVER TSINGTAU AND DROPPED BOMBS UPON THE WIRELESS STATION AND BARRACKS.

膠州灣封鎖我潛航艇夜陰ニ乘ジ灣口ヲ偵察ス

THE ILLUSTRATION OF THE GREAT EUROPEAN WAR. NO.10.   THE JAPANESE SECOND SQUADRON BLOCKADE OF KIAOCH

1915

胶州湾之战：
潜航侦察

1915年，第一次世界大战爆发后，日本迫不及待地向在中国的德国势力开战，兵锋直指胶州湾。驻扎在这里的德军及其海军舰队，是日本在远东扩张的严峻威胁。这是日本东京尚美堂印制的德日胶州湾之战彩绘插图。画面上，日本海军潜艇第二中队派出潜艇趁夜色潜入胶州湾，对德国驻防情况进行侦察。天空中有一架带有德国铁十字徽志的单翼机在空中侦察。图中这架飞机造型显然借鉴了法制布莱里奥XI的外观，然而这与历史事实并不相符。实际情况是：1914年8月第一次世界大战爆发，德国已经预感到在中国山东胶州湾的基地可能受到日本的威胁，紧急从本土向青岛运送了两架"鸽"式飞机，用于在胶州湾一带的航空侦察和联络行动。

时隔不久，其中一架飞机在执行任务中坠毁，德国在胶州湾地区只剩下一架飞机可用。8月15日，日本向驻守胶州湾的德军下达了最后通牒，限令德军撤出胶州湾。8天之后，日本对德宣战。日本和英国分别调动军队包围了胶州湾。1914年11月，胶州湾已经成为孤岛。有消息称，此间德军"鸽"式飞机飞行员在执行侦察任务期间用手枪击落了一架日本飞机。在日本对胶州湾发动最后总攻时，德国飞行员普鲁乔奉命驾驶这架"鸽"式飞机携带秘密文件飞出了包围圈，踏上了返回德国的漫漫归途。这便是历史上著名的胶州湾战役的一幕。而遗憾的是，这是西方列强为了争夺在华利益在中国大地上展开的战争。值得关注的是，早期航空兵使用的一些重要战例，都发生在这场战役中。

1920
首次京津邮政飞行

1918年第一次世界大战结束，欧美开始将大量闲置军用飞机改作商用，逐步发展商业航空和通用航空。中国也受到这种做法的影响，北京政府开始筹划自办民用航空。1918年，北京政府在交通部成立了筹办航空事宜处，计划开辟全国五大航空线。1919年从英国购买2架阿弗罗(Avro)飞机和6架汉德利·佩季O/7（Handley Page O/7）飞机。汉德利·佩季O/7是英国用第一次世界大战的轰炸机汉德利·佩季O/400改装而成的最早的民用运输机，为中国第一种大型飞机，1919年12月21日在北京进行了首次试飞。

　　1920年5月7日，英国飞行员驾驶"京汉号"汉德利·佩季O/7于上午10时从北京南苑机场起飞，50分钟后在天津佟楼英商赛马场着陆。这是北京—天津间首次航空邮政往返飞行。机上乘客都是外国人士，机上运输的邮件目前存世46件，是中国早期航空邮政的珍贵见证。这张照片，便是"京汉号"准备从北京南苑机场起飞之前相关人士的合影。

1926 瓦加索夫用镜头鸟瞰北京城

　　这是一组利用黑白照片上色处理后制成的幻灯片，图案展示的是从空中拍摄的北京城，拍摄时间是1926年前后。原始照片的拍摄者，是时年20岁的俄裔摄影家谢尔盖·瓦加索夫（Serge Vargassoff，1906—1965年）。他长期旅居北京，用银胶照片拍摄了大量记录北京风貌和民生状况的照片，其中包括紫禁城、颐和园、长城、白塔、北海九龙壁等。更难得的是，瓦加索夫不仅在地面拍，还搭乘飞机从空中拍摄北京。这些从空中拍摄的北京城画面尤为珍贵：那时候空中航路由国民政府严格管控，除了政府，私人不可以拥有飞机。如果够仔细，你不仅能发掘北京城近百年来的变化，甚至还能发现那些最为著名的地标级名胜古迹的细微变迁。其中一张照片拍到了拍摄机的部

分机翼，上面大半个繁体中国字"欧"清晰可辨。这条重要线索说明，这架拍摄飞机来自中德合资经营的欧亚航空公司（Eurasia）。1925年设立的欧亚航空曾是中国重要航空企业，从1925—1943年间，主要使用容克W.33和Ju 52等飞机进行运营。

（图片来源 墨尔本大学图书馆）

1928
"青岛"在南美

这张照片是这架飞机留下的为数不多的照片之一。飞机机身上硕大的TSINGTAU字样表明。它的名字叫"青岛"。这个名字背后有一段跌宕起伏的往事。

1914年8月第一次世界大战爆发，德国预感到在中国山东胶州湾基地可能受到日本的威胁，紧急从本土向青岛运送了两架"鸽"式飞机，用于在胶州湾一带的航空侦察和联络行动。时隔不久，其中一架飞机在执行任务中坠毁，德国在胶州湾地区只剩下一架飞机可用。8月15日，日本向驻守胶州湾的德军部队下达了最后通牒，限令德军撤出胶州湾。8天之后，日本对德宣战。日本和英国分别调动军队包围了胶州湾。1914年11月，胶州湾已经成为孤岛。在日本对胶州湾发动最后总攻时，德国飞行员冈瑟·普鲁乔（Gunther Pluschow）奉命驾驶这架"鸽"式飞机携带秘密文件飞出了包围圈，踏上了返回德国的漫漫归途。飞出250公里后，飞机坠毁在一处稻田，普鲁乔烧毁了飞机，开始步行。此后他历尽千难万险，经德州、南京、夏威夷前往美国，然后又设法前往意大利，在途中他被英国逮捕，作为战俘关进英国本土的战俘营。后来他侥幸逃出，最终返回德国。在德国，他成为广受欢迎的英雄，因为他是成功逃离英国战俘营的唯一一个青岛德军作战人员，他也因此被誉为"来自青岛的英雄"。他得到了嘉奖晋升和爱情。普鲁乔还出版了一本书，书

名为《青岛飞行员历险记》，销量高达70万册。

　　"一战"结束后，普鲁乔离开德国海军，被"巴拿马"号轮船雇佣，前往南美。在船上，他经过合恩角抵达智利瓦尔迪维亚（Valdivia），然后他又穿过智利抵达巴塔哥尼亚（Patagonia）。1927年11月27日，普鲁乔购买了一艘双桅船开始探险。他的工程师则出资厄内斯特·德雷布鲁（Ernst Dreblow）他购买了一架双翼飞机。这是一架德国亨克尔公司出品的HD 24型水上飞机，注册号为D-1313为了纪念自己在青岛的历险行动，普鲁乔把这架飞机命名为"青岛"号。此后他用船载运着"青岛"号前往南美。1928年12月，"青岛"号完成了从智利蓬塔阿雷纳斯（Puntas Arenas）到阿根廷乌斯怀亚（Ushuaia）的首次航空邮件运输。1929年1月，普鲁乔和德雷布鲁又驾驶"青岛"号飞往科迪拉达尔文（Cordillera Darwin）、南巴塔哥尼亚冰原（Southern Patagonian Ice Field）和巴塔哥尼亚托雷斯戴尔派恩（Torres del Paine），创下了南美航空探险的多项第一。1931年1月28日，普鲁乔和德雷布鲁在一次坠机事故中不幸身亡。

1930 从上海到汉口7个小时

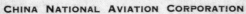

CHINA NATIONAL AVIATION CORPORATION
(ESTABLISHED BY SPECIAL CHARTER OF THE NATIONAL GOVERNMENT)

7 HOURS BETWEEN SHANGHAI & HANKOW

Latest type Loening Amphibian Airyacht used. Spacious accommodation for six passengers and two pilots. Planes capable of landing on land or water. Flights follow river For further information rates and booking, apply to China National Aviation Corporation. offices as follows:—

NANKING	. .	HSI HWA MEN, Sze Tiao Hsiang	南京西華門四帳巷
SHANGHAI	. .	112 SASSOON HOUSE	上海沙遜房子一一二號
HANKOW	. .	PING—HAN RAILWAY BUILDING	漢口平漢路局
KIUKIANG	. .	NANCHANG—KIUKIANG RAILWAY ADMINISTRATION	九江南潯路局

这是一张20世纪30年代初中国航空公司（CNAC）的宣传册封面照，上面用英文醒目地标注着"7 Hours Between Shanghai & Hankow"，意为从上海到汉口只需7小时。当时中美合作的中国航空公司已经开通了从上海到汉口的邮政/客运航线，飞机主要使用洛宁水上飞机，飞机在沿江平静水面起降，对于缺乏机场设施的中国较为实用。这张广告下方的说明文字中是这样写着：航线使用美国洛宁（Loening）公司最新水陆两栖飞机，宽敞的舱内空间可容纳6名乘客和两名飞行员。飞机可在陆地或水上着陆。航线沿河流前行。详情请咨询南京、上海、汉口和九江的中国航空公司办事处。

20世纪30年代初拍摄的中国航空公司使用的"洛宁"水上飞机，请注意飞行员是聘请的外籍人士

1930
川军航空队

　　这张保存在瑞士档案机构的中国旧照记录了中国航空史上缺失的片段。照片属于让·德·弗约德（Jean de Voyod）中国飞行之旅照片集，拍摄于20世纪30年代初的中国，地点是重庆附近的Koen-Sa机场（出于对原始档案的尊重，特地将原文标注于此，笔者认为这一名字很可能是西方工程师的习惯命名）。四川

军阀刘湘1930年起组建的航空队，管窥其一，但其阵容全部跃然于这张照片之上。更为难得的是，这张照片中的各型飞机全部是崭新的，应该是刚刚购入时所摄，更显珍贵。画面中距离观者最近的飞机在中国航空史料中绝少提及，它是一架法国波泰兹33，命名为"凌空"；稍远处是两架法制布雷盖14侦察/轰炸/教练机，较近一架命名为"天行"；最远处一架命名为"□飞"的是一架型号不详的美国飞机。波泰兹33是波泰兹32单发单翼运输机的军用型，1928年首飞，主要作为联络/观察机使用，也可以作为教练飞机。该机拥有双操作系统和大型观察窗，背部安装回转机枪架，腹部挂架上可以挂载轻型炸弹。这些飞机在中国共产党革命历史中曾作为对手留下过印痕：1931年初刘湘曾调用航空队轰炸川鄂根据地的红军。

1930 川军航空队的布雷盖

　　这组照片，保存在瑞士档案机构。虽然对这张照片的信息记录非常单薄，但它对于中国航空史却有极珍贵的意义。两名中国飞行学员和一名洋教官站在一架簇新的飞机前，留下了这张影像。画面中这架飞机，是法国制造的布雷盖14，照片档案中特地标注这架飞机安装300马力雷诺发动机。一战时期布雷盖14曾作为侦察/轰炸机广为使用。该机也是最早批量生产的以金属而非木材为主要结构的飞机，由于速度快，敏捷灵活且抗损性好，布雷盖14堪称最好的一战飞机之一，生产数量接近8000架。"一战"时期法国空军曾大量装备布雷盖14，最多时曾有71个中队使用该型飞机。由于作战表现出色，比利时空军在1918年采购了40架布雷盖14，美国陆军航空队也买了600多架。属于布雷盖14的另一项骄傲是该机还是世界上最为成功的早期远程邮政飞机之一。除了上述国家，中国、巴西、

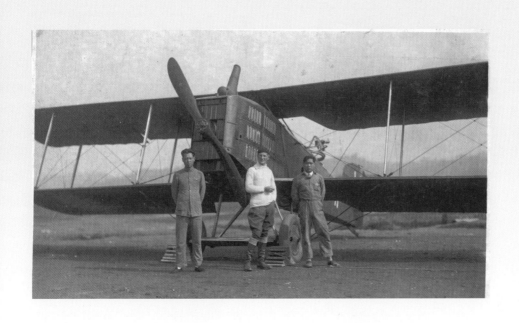

捷克斯洛伐克、丹麦、芬兰、希腊、日本、暹罗、乌拉圭和西班牙都曾采购该机，其中中国曾采购70架。有记录显示，中国当时割据一方的浙军、滇军、东北军、川军以及广东军政府都曾采购布雷盖14。图中这架机身上书写着"天行"字样的飞机，就是1930年四川军阀刘湘购入的6架布雷盖14之一。这架飞机在中国共产党革命历史中曾作为对手留下过印痕：1931年初刘湘曾调动该型飞机轰炸川鄂根据地的红军。

1930s
"国民革命军"十一军航空司令部成立留影

这是一张极为珍贵的历史旧照，如今收藏在瑞士苏黎世档案馆。乍看上去，大部分人都不会认为这张照片有什么特别：一大群中外士绅聚集一起，似乎是某次会议的留影。然而上额的文字透露出重要的历史信息，这一行文字是："国民革命军第二十一军航空司令部成立纪念，民国十九年六月十七日留真摄"。这些文字表明，1930年这位没有留下姓名的摄影师按动快门的手指为我们留下了民国航空史上的重要一幕。照片前排右起第七位身着西服、浓眉大眼相貌英俊的绅士不是旁人，正是"国民革命军"第二十一军的司令官——中国近代史和革命史上的重要人物：四川军阀刘湘。1930年，他正积极筹备建立四川空军。

照片左下角的签名，显然来自照片上的诸位人物。其中这位吴宥三（最右敞衣襟者）也非等闲之辈，他于1920年赴法勤工俭学，与邓小平同批赴法，两人还成为很好的朋友。曾在巴黎毕央谷飞机制造厂勤工俭学，因工作出色于1926年被派往波兰华沙飞机制造厂工作。期间他努力学习航空科学技术知识，萌发了要当飞行员的念头。1928年，吴宥三受刘湘委托，在法国协助川军购买飞机。同年8月，刘湘派吴宥三等三人到法国学习飞行。1931年，回国后的吴宥三驾驶川军购买的飞机试飞成功，成为四川驾驶军用飞机的第一人，为我国的航空事业、飞机制造业做出了积极的贡献。刘湘成立二十一军航空司令部后，他担任机械主任兼飞行主任、四川省政府航空视察员、重庆防空司令部顾问等职。

1930s
欧亚航空接驳班车

旧中国时期也曾努力发展过民用航空事业。中国最早的国际航空公司，便是1931年3月由国民政府与德国汉莎航空公司合资成立的欧亚航空公司。欧亚航空的总部设在上海，资本额最初为300万元，后增加至510万元，中方占股三分之二，德方占股三分之一。欧亚航空使用的主要机型，是德国容克系列飞机。20世纪30年代中期以前，欧亚航空陆续开辟了平粤线（北平/北京－广州），包兰线（包头－兰州），沪兰线（上海－兰州），西昆线（西安－成都－昆明）和兰新线（兰州－哈密）等航线，另有不定航班若干。抗战爆发后，中国不再拥有宁静的天空。欧亚航空迁往昆明。1941年因为中国政府加入反法西斯同盟，对德宣战，欧亚航空的德国资产也悉数由国民政府交通部接收。1943年最终改组为中央航空公司。这张照片由美国著名新闻摄影师福尔曼拍摄于1937年/1938年，地点是兰州。画面上的客车外观很像今天接送学生的校车，它是那个时代特有的客车形式，车体侧面印有欧亚航空公司中英文字样和公司Logo。从外观上看，这辆车很可能是德国迪赛尔客车，在当年算是著名的高端品牌，被欧亚航空公司专门用来实现乘客票务服务地到机场的乘客接驳服务。那个时代，在中国乘坐飞机和在欧美一样，都是一项比较奢侈的出行方式，其票价非一般百姓所能企及。接驳这些"高价值"乘客的汽车品质自然也不能马虎。从照片上看，画面中几个人物中最左侧身着毛领大衣和皮鞋者应该是本车的司机——当时开车也是一项收入不菲的技术性工作；最右侧应是兰州当地派出的保障安全的军警人员。

1930s
买奖券　办航空

为20世纪30年代中期中国航空主题招贴（右页左上图），尺寸高77.5厘米，宽54.6厘米，现收藏于美国华盛顿国家航空航天博物馆。它的宣传主题并不是航空建设本身，而是鼓励人们去购买国民政府航空公路建设奖券。20世纪30年代发行的航空公路建设奖券，是航空救国、抗击日寇的历史见证。1932年"一·二八"淞沪会战中，日寇出动飞机轰炸上海，因缺乏防空能力，中国军队处于被动挨打地位。残酷的现实使中国人觉悟到增强空防势在必行。其后以上海为中心掀起了一股"航空救国"热潮。航空公路建设彩票便是在这样的历史条件下问世的。根据章程，售款的40%用于航空建设。有人誉之为"救国彩票"。这幅宣传海报，就是推销第30期航空公路建设奖券的专用宣传品，海报左上方有剪影处理的螺旋桨飞机，背景为上海外滩建筑。前景是一堆银圆，飞机的尾迹中特地标明了本奖券的特点——得奖易，奖额多，券额少。旁边还列出了各等奖次所能拿到的金额：一等奖1个，奖金25万元；二等奖4个，奖金各5万元；三等奖20个，奖金各1万元；四等奖100个，奖金各2000元；五等奖300个，奖金各500元。

为20世纪30年代中期另一张博彩业与航空建设相结合的招贴（右页右下图），尺寸高77.5厘米，宽53.3厘米，现收藏于美国华盛顿国家航空航天博物馆。这是一张国民政府航空公路建设奖券（第30期）促销海报，也是当时全国民众航空救国、抗击日寇的历史见证。1932年"一·二八"淞沪会战后，以上海为中心掀起了一股"航空救国"热潮。航空公路建设彩票便是在这样的历史条件下问世的。根据章程，售款的40%用于航空建设。有人誉之为"救国彩票"。海报主画面上有一架飞行的三发动机客机，大概作者希望表现美国福特三发飞机。飞

机。飞机下方是奔驰在乡村公路上的卡车。海报上用大字标注了几个最为重要的促销元素：券额300000张，头奖奖金250000元，中奖券数31034张。

1930s
孩子 · 飞行镜

这张照片拍摄于抗战时期的西安。抗日战争中，在中国战场制空权长期为日军所控制的大背景下，画面里孩子头上的玩具飞行风镜格外醒目。每个孩子心里都藏着飞行的梦想，如果国家富强，社会安定，他们一定有机会去领略翱翔蓝天的酣畅。遗憾的是，落后的航空工业和贫弱的经济实力，让中国建立强大空军的愿望变得迫切却渺茫。孩子的飞行风镜，透出这种无奈，更蕴藏着希望。

在这位中国男人和他背负的孩子面前按下快门的是著名匈牙利战地摄影师罗伯特·卡帕（1913—1954年）。卡帕以强烈的人文情怀和社会关切，先后深入炮火连天的战地，用胶片忠实记录了西班牙内战、中国抗日战争、二战欧洲战场、1948年阿以战争和越南抗法战争。1954年5月25日，卡帕在拍摄越南抗法战争时不幸踏中地雷遇难。

（罗伯特·卡帕/摄）

1930s 航空救国的麻将往事

1941年12月7日珍珠港事件之后，日军立即出兵占领了上海英美等国长期经营的租界地区。日本兵包围了英美侨民，许多人就此消失在日本拘留营中。

这副特别的麻将讲述了战火纷飞中一个外国家庭的上海故事：1939年秋季结束前的某一天，一位叫作福尔斯（E. A. R. Fowles）的先生，订购了从上海开往伦敦的日本N.Y.K.班轮"照国丸"号（Terukuni Maru）的205号头等舱船票。他为什么要出行，至今不得而知，以上这些情况，也是因为他的名字和班轮名字和日期被印刷在行李签上，而这张行李签，就贴在一个长36厘米、宽23厘米的盛麻将的皮箱外侧。

遗憾的是，行李签缺失的一块上有登船的日期。此外，我们也不知道和福尔斯同行的还有谁。就目前掌握的信息，我们已无法知道福尔斯先生究竟是何人。根据移民局档案，我们只知道福尔斯先生在1925年乘坐"摩里亚"号邮轮（P&O Liner Morea）来到上海，随同他的还有妻子和三个孩子。我们不知道他从事什么职业，极有可能供职于英国位于上海的金融机构。1937年淞沪之战的硝烟升起时，他仍然可以坐在英租界里悠闲地呷着佣人送上的下午茶，但到了1941年末，一切都变了。

福尔斯先生的这副麻将非常特别，那是特殊时代背景下的文化产物。一些麻将牌上有生动的军事和航空题材图案，更是清楚地刻有"航空救国""开复疆土"等字样。有三枚麻将牌上雕刻有三座城池，分别标有龙江、奉天和吉林，这象征"九一八"事变后被日寇抢占的东北三省。有趣的是，其中一幅麻将上雕刻有一名着和服穿木屐的日本人，天上一枚炸弹正落向他的头顶。一切表明，这副麻将的制作年代极有可能是1931年"九一八"事变之后到1937年"卢沟桥事变"之间。无论如何，这副麻将可能是福尔斯先生的心爱之物，他可能常常在上海与朋友打牌，也许他认为这副麻将象征着中国的自由和独立以及中国民众抗日的精神。否则，他可能就不会试图着刻有反日宣传的麻将登上日本客轮了。

上海租界委员会留存的记录显示了淞沪会战中中国民众的伤亡，"……医疗救护人员忙碌不停，到处都是求救电话。他们至少处置了901名由炸弹和炮弹破片造成的死难者，此外还有数百名在邦德道和南京路空袭中遇害的伤者，加上来路不明的炮弹袭击，8月23日，伤亡者数量想必更多，医疗机构已经无法统计详细数据了"。也许家人在外面遭遇了险情，也许福尔斯先生预见到了即将到来的屠戮。我们不知道他是否登上了那艘开往伦敦的班轮。无论他是否登船，他原来所赖以庇护的英国租界已摇摇欲坠，人们纷纷逃离上海——就像当年逃离纳粹德国一样。他一定是觉察到了是必须离开的时候了。

1936年10月民国政府组织的旨在加强航空国防建设的"献机祝寿"活动中，李霞卿（前排白衣者）和许多社会名流一起观看飞行表演

1930s 援助中国行动的形象大使

　　李霞卿（Lee Ya-Ching）在中国飞行史上有着特殊的地位。出身香港实业家家庭的李霞卿，1933年就远赴英国留学，不久即在瑞士航空学校（Contran École d'Aviation）开始学习飞行，并获得该校颁发给女学员的首张飞行执照。后来李霞卿又进入美国加利福尼亚奥克兰的波音航空学校（Boeing School of Aviation）继续训练，学会了暗舱驾驶、冶金和机械等技术。1936年，李霞卿回到中国，为中国军方实施了空中勘察活动，勘察面积超过30000平方英里，被委任为上海市航空学校教官（Shanghai Municipal Air School），一直工作到1937年中日全面开战该校被迫关闭为止。从1938—1943年，李霞卿在美国全境及拉丁美洲各地巡回飞行，筹集捐款用以赈济抗日战争中的受害者。她也因此以美女飞行员的身份成为"二战"期间美国联合中国援助行动（United China Relief）的形象大使。

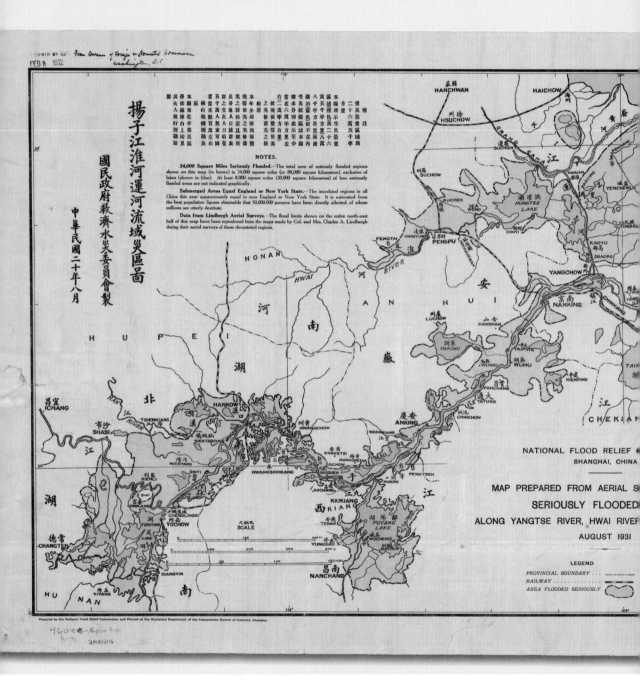

1931
肆虐中国的大洪水

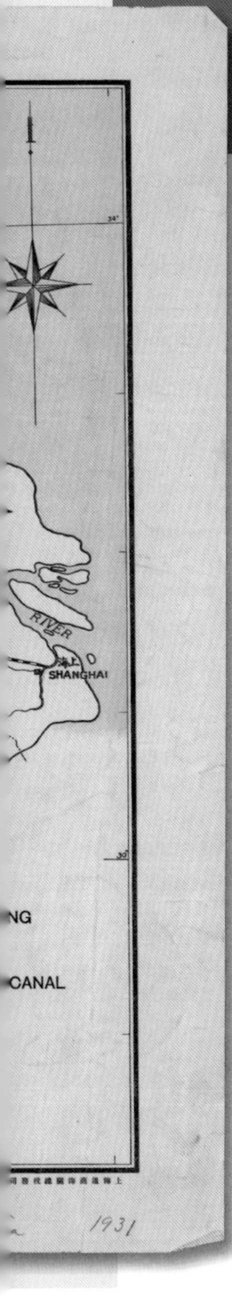

地图远不像许多人想象的那样枯燥。除了地图上以图形方式表述的丰富地理历史信息，地图上附带的说明标注也是极佳的历史记录。这张题为《扬子江淮河运河流域灾区图》的地图就是首次在国内发表的珍贵文档，本图于1931年8月由国民政府救济水灾委员会绘制，1932年2月由上海通商海关总税务司署造册处刊印，地图采用中英文双语对照形式，绘制精细，想象地记录了当时中国江淮流域大洪水的真实灾情。从地图可以看出，长江、淮河和大运河流域全线出现汛情，洪泛区遍及整个流域，洞庭湖、鄱阳湖、巢湖、太湖、洪泽湖等湖泊周围也出现惊人的洪泛区。附注显示，通过航空勘查测算，这次大洪水受灾最重区域（图中橙色区域）面积达到了88000平方公里，其中还不包括河流湖泊（图中蓝色区域）自身的面积。这张地图虽然没有分别列出受灾较轻的区域，但据估算至少约为2万平方公里。洪灾中被淹面积几乎相当于英国英格兰或美国纽约州的面积，受灾人口估算约为5000万，数百万人无家可归。更值得注意的是，这张地图在制作过程中，大量参考了美国飞行家林德伯格上校及其夫人在中国进行的灾情航空勘测——这也是当年林德伯格和妻子从纽约出发自东向西远程航线探索行动的一部分。在中国华中地区这次志愿洪灾勘测工作的经历，后来被收入安妮撰写的《从北方到东方》。

（图片来源　威斯康星大学密尔沃基图书馆）

1932
跑马场上推飞机

  这组照片拍摄的地点是中国上海跑马场，时间是1932年。几个英国士兵正推着一架飞机在跑马场赛道上移动，可能是为在当地进行的一场公开飞行表演活动做准备。飞机尾部标注的注册号NC821M是一条很好的线索。通过这条线索很容易让人判明这架飞机的始末由来。

  这是一架由美国内布拉斯加州哈夫洛克的艾罗飞机和汽车公司(Arrow Aircraft and Motor Corporation)的设计师斯文·斯万森(Swen Swanson)研制生产的艾瑞运动追逐型（Sport Pursuit）运动双翼机，并列双座设计，使用宽阔单立柱起落架，着陆和侧风滑行更稳定。动力装置是一台100马力肯纳K–5星形发动机。20世纪30年代初，中国云南地方政府曾购买该型飞机，而这架NC821M号机，则是艾罗公司专门送到中国市场做飞行表演协助促销的。

（图片来源　密尔沃基大学图书馆）

MAP SHOWING JAPANESE-CHINESE WARFRE NOW IN SHANGHAI

暴日淞滬戰區地圖

(PRICE: 40 CTS) BY C. Y. SOO FEB. 24. 1932

上海實業路隆十九號
JIH SIN GEOGRAPHICAL INSTITUTE
38. PAO LUH FANG, AVE-UE ROI DEALBERT
SHANGHAI, CHINA
4/8/32

On the map, N indicates the Headquarter of the Japanese Naval Forces, located by the side of an extension road. M indicates the Headquarter of Japanese army being established at Ying Hsiang Kong village in the International Settlement. L indicates the different wharves where their forces landed.

The section west to North Honan Road and south to the Soochow Creek has been guarded by the different forces of the International Settlement. Since the outbreak of the war at Shanghai Jan. 28th 1932, Japanese have taken over all the rights of the police stations in the north and eastern parts of the International Settlement and have been using the whole Hongkew district in the Settlement as the base of military operation. They started the war by attacking the North Railway Station, Tien Tong An Station and other sections of Chapei. Having been received by the Chinese 19th Route Army, the Japanese changed their tactis after Feb. 7th and turned their attacks on Woosung and Kiangwan with the aid of more than forty battleships, three airplane-carriers, and one hundred twenty aeroplanes. They raped Chinese women, shot with dum-dum bullets, destroyed the Chapei waterworks and the Woosungkow Lighting-houses, took away the floating drums in the river and killed the civilians as well as the salvagers of Red Cross Association. The Japanese battleships often hid themselves among foreign battle ships or merchantships and discharged cannons toward land where Chinese defenders could hardly return fire on them.

It was reported that Japanese disguising as the Red Cross salvagers and carrying with pistol, bullets and poison gas bombs, entered into Chinese sectors and attacked the Chinese soldiers.

The districts of Chapei Kiangwan and Woosung have totally been destroyed by fires - from Japanese bombardments from Japanese battleships and airplane. All the educational institutions and cultural establishments at the above districts such as Commercial Press and Tung Chi University etc. as indicated ☆ have become ruins. Losses are inestimable. Thousands and thousands of Chinese civilians at the above districts have been killed and wounded. A Japanese aeroplane bombed a refuge camp where there were 8000 refugees who fled from other places to Shanghai due to the flood, killed over fifty inmates and wounded a number of them for this cruel act Mr. Simpson sent a strong protest to the League of Nations on Feb. 13th 1932. There are more fortynine refugie camps and 25479 refugees in the Settlement and 160000 unemployed persons have been increased by warfare.

Although west to North Honan Road and South to Soochow Creek there are ten thousand foreign guarding forces at the International Settlements, Japanese aeroplanes still bombed some places as indicated ☆ in that location.

According to the reliable reports, during the period from 28th Jan. to 23rd Feb. 1932, the number of killed and wounded soldiers on Chinese side is about three thousand while that on Japanese side is nearly twenty thousand.

The totality of Japanese forces now in Shanghai is over fifty thousand and reinforcements are still rushing to front from Japan.

寶山縣 Pao-Shan Hsien

PAOSHAN CITY 寶山縣

日飛機落炸彈處
(※ Japanese aeroplane bombed)

俄屬西伯利亞 SIBERIA

滿洲 MANCHURIA

朝鮮 KOREA

日本 JAPAN

The JAPANESE have occupied the whole of MANCHURIA which ten per cent the area of CHINA, and with a population of 24,000,000. It dobles the area of FRANCE and is four time as large as JAPANESE.

Jih Sin Geographical Institute
April 8, 1932

版權所有 翻印必究

　　1932年1月28日夜，日本海军陆战队对上海中国驻军第19路军发起攻击，19路军奋起抵抗，以劣势装备抗击陆海空占绝对优势的敌人，寸土不让，表现出中华民族高昂的抵抗精神，令国际社会为之一振。这张由上海日新奥地学社于1932年2月24日制作印行的《暴日侵沪战区地图》，细致表现了1932年"一·二八"事变中日军对上海的攻击和轰炸行动，炸弹落点都用放射状星号标注。图中N表示日本海军司令部，位于长街一侧，M表示日本陆军司令部，位于公共租界的引翔港镇。L表示日军登陆的各个码头。

　　图中标示文字指出：（上海市区）西到河南北路，南到苏州河的区域，都由公共租界的部队守卫。1932年1月28日上海"一·二八"事变爆发后，日本接管了公共租界北部与东部全部警察局，把租界内整个虹口区变成了军事行动基地。日本人以攻击火车北站、天通庵车站以及闸北其他地区拉开战争序幕。遭中国方面19路军抵抗后，日军在2月7日后改变了战术，在40多艘战舰和3艘航空母舰以及120架飞机的支援下，把攻击方向转向吴淞和江湾。

　　日本兵强奸中国妇女，违法使用达姆弹，炸毁闸北水厂和吴淞口灯塔，移走江中浮标，杀死平民甚至红十字会的救援人员。日本战舰混杂在外国战舰和商船中向陆上中国守军开炮，令中国守军无法还击。日本人还乔装成红十字会救援人员，携带手枪和毒气弹渗透进中国守军防御地区，偷袭中国守军。战斗中，闸北江湾和吴淞两区被日舰炮击和飞机轰炸引发的大火焚毁，以上区域内包括商务印书馆和同济大学在内的所有文教机构全都化为废墟，损失难以估量。

91

1932
太阳下的罪恶

　　这是一幅1932年伪满洲国满洲航空株式会社（以下简称"满洲航空"）印制的宣传画，现藏美国史密松尼基金会。画面前景为一架中岛许可制造的福克"超宇宙"旅客机，背景为满洲地区航路图，以伪满洲国红蓝白黑黄"国旗五色"作为边框。1931年9月，在关东军支持下，日本航空运输株式会社（即后来的大日本航空株式会社）满洲分部在奉天（今沈阳）组织成立了满洲航空株式会社，次年伪满洲国成立后，为宣扬其独立色彩，公司又称"满洲国航空公司"，主要持股人是伪满政府、南满铁路株式会社和住友财团。满洲航空是准军事化航空企业，主要为日军提供运输和后勤保障以及邮运服务，其次才是承担一些民间客货运输和飞机包租业务。满洲航空以新京（今长春）为航路枢纽，向外辐射哈尔滨、佳木斯、吉林、沈阳、安东（今丹东）、锦州、承德、齐齐哈尔、海拉尔、大连以及朝鲜部分地区，构成规模可观的航路网。今天重温此图，每一个中国人都应体察日本军国主义的侵略罪恶。

（图片来源　美国史密松尼基金会）

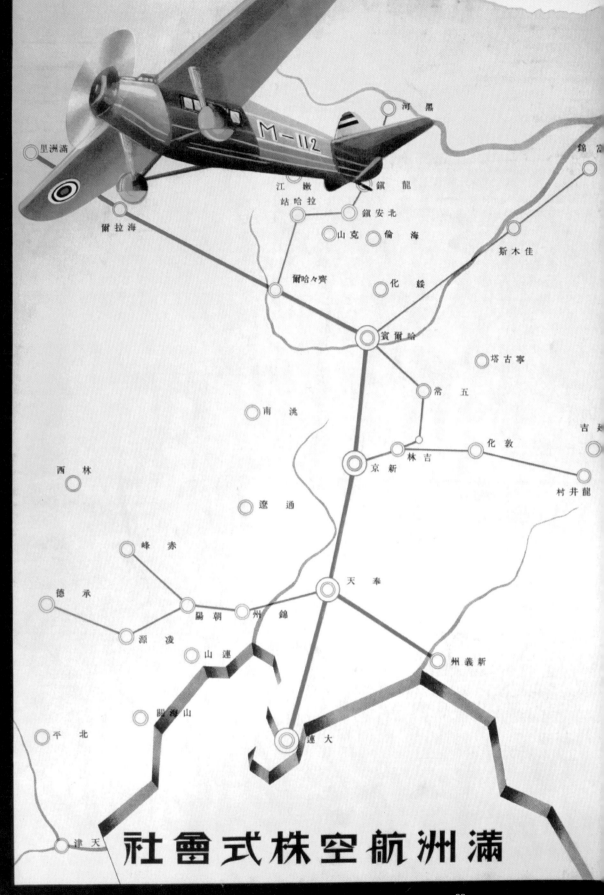

93

1933
费尔雷"狐狸"在中国

　　这张照片是首次公开发表，笔者是在瑞士一家档案馆的电子文献中偶然发现它的，当时即为照片所记录信息的珍贵所震撼。这张照片应该是拍摄于20世纪30年代初的中国，具体一些，当是在1933—1934年间。画面中的飞机是英国费尔雷公司制造的"狐狸"III（Fairey FoxIII）轻型轰炸/教练机。英国记录显示，这架注册号G—ABYY的"狐狸"III原本是用于推广演示飞行的双座型，1932年8月完工，1933年卖给中国。这可能是民国时期中国空军使用过费尔雷"狐狸"III的唯一精品级留影。

1933
卡斯特尔的《翼下中国》

　　1930年2月，中国和德国合资成立欧亚航空公司，经营中国国内的航空运输业务。中国方面由交通部出面，德国方面的出资人则是著名的汉莎航空公司。当时的欧亚航空曾出现过一个相对快速发展的时期，在中国国内建立起一横三纵的航线网络。欧亚航空装备是清一色的德国飞机，以容克产品为绝对主力，飞行员也悉数来自德国。1933年，一名28岁的年轻德国飞行员接受欧亚航空的聘任来到中国，他的名字叫作卡斯特尔·鲁登豪森（Wulf-Diether Graf zu Castell-

RüdenhausenCastell Rudenhausen），他还有一个贵族头衔——乌尔夫－迪特尔伯爵。卡斯特尔与其他飞行员不同，飞行对于他而言更像是一项中规中矩的工作，喜爱摄影的他习惯于带着一台精致的莱卡相机钻进座舱。在飞行过程中，卡斯特尔经常举着相机，从高空拍摄这个对他而言古老而陌生的国度。随着他不断按动的快门，中国当时许多著名的历史建筑和乡土风光都被记录下来，成为今天历史研究的重要物证。卡斯特尔把这些照片收集起来，在20世纪30年代出版了一本航空摄影集《翼下中国》，成为当时的畅销图书。历经80多年时光，卡斯特尔的那些航空照片里的景物已经对现代人变得陌生，它们是那段时光的忠实记录，更是对中国历史巨变之前的原始状态的真实印象。

卡斯特尔在20世纪30年代于河南巩县上空拍摄的北宋帝陵。历经千年时光，今天我们看到的宋代帝陵是经过保护修复的结果，而这张照片则为我们展示了更接近原始状态的宋陵风貌。照片中可以清晰地看到方形锥台状的帝陵封土（在中国这被称作覆斗状封土），封土前残留着陵门双阙痕迹（这种格局沿袭了汉唐传统）。通往封土的神道两侧，列立着一对望柱、一对石碑和19对石像生，它们的排列格局显然维持着陵寝建成时的原貌。封土周围可见内城陵墙、门阙和角阙遗存，在石像外侧则是外城城墙残迹。这一切，对于历史学者而言，是了解宋代帝王陵寝的珍贵原始标本

■ 卡斯特尔从空中拍摄的颐和园万寿山佛香阁

卡斯特尔镜头里的北京城墙。画面中高耸的白塔应是始建于元朝的白塔寺佛塔（初名"大圣寿万安寺"），由此推断照片拍摄的是阜成门一代的北京内城城墙西段，可见城墙尚完好，敌台林立，城外护城河依然深峻，但城墙西南角的大型方形箭楼已经损毁

从空中拍摄的上海外滩风光，黄浦江上停泊着不少外国海军舰船

1933日本学生的防空科普挂图

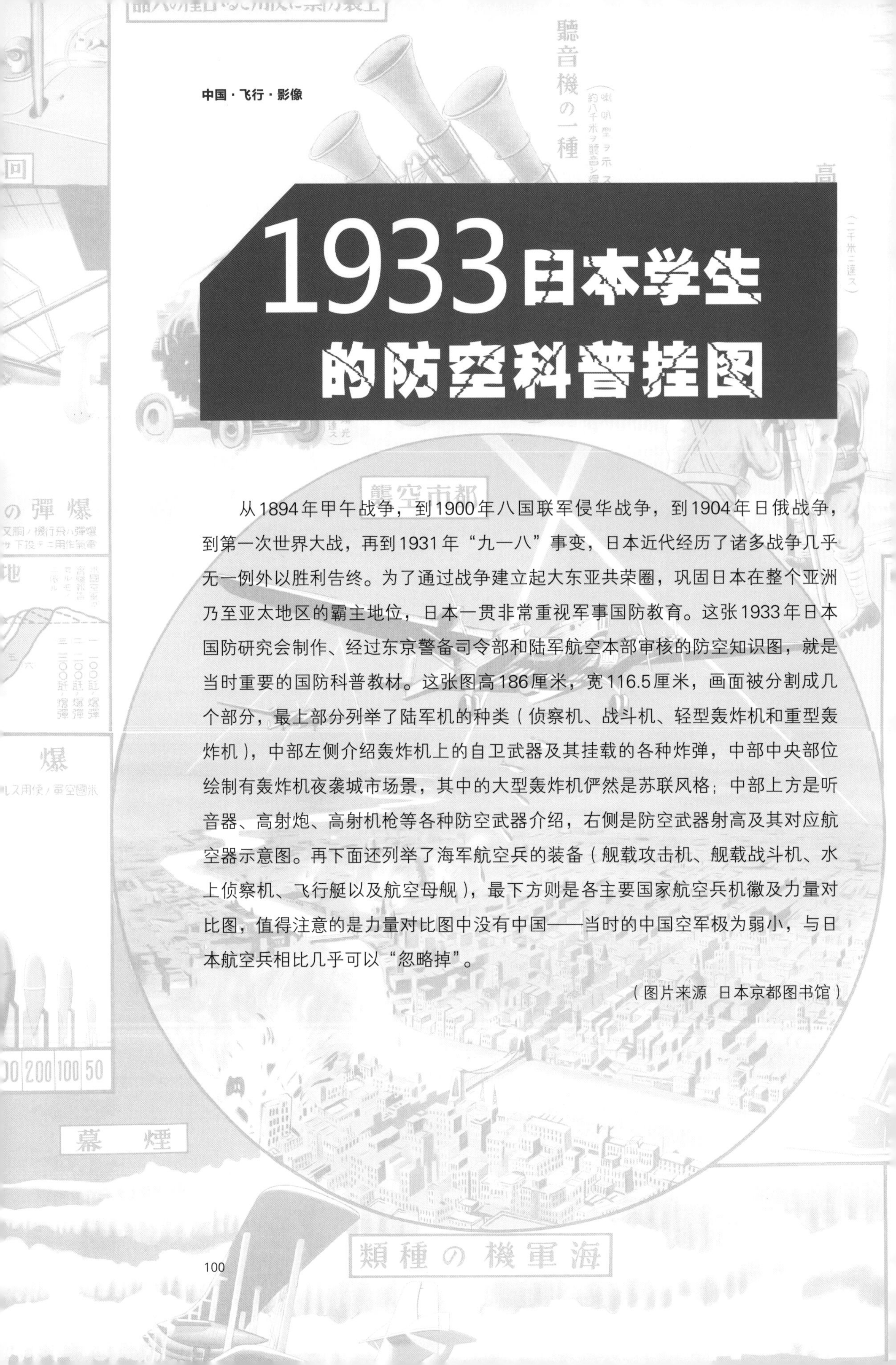

　　从 1894 年甲午战争，到 1900 年八国联军侵华战争，到 1904 年日俄战争，到第一次世界大战，再到 1931 年"九一八"事变，日本近代经历了诸多战争几乎无一例外以胜利告终。为了通过战争建立起大东亚共荣圈，巩固日本在整个亚洲乃至亚太地区的霸主地位，日本一贯非常重视军事国防教育。这张 1933 年日本国防研究会制作、经过东京警备司令部和陆军航空本部审核的防空知识图，就是当时重要的国防科普教材。这张图高 186 厘米，宽 116.5 厘米，画面被分割成几个部分，最上部分列举了陆军机的种类（侦察机、战斗机、轻型轰炸机和重型轰炸机），中部左侧介绍轰炸机上的自卫武器及其挂载的各种炸弹，中部中央部位绘制有轰炸机夜袭城市场景，其中的大型轰炸机俨然是苏联风格；中部上方是听音器、高射炮、高射机枪等各种防空武器介绍，右侧是防空武器射高及其对应航空器示意图。再下面还列举了海军航空兵的装备（舰载攻击机、舰载战斗机、水上侦察机、飞行艇以及航空母舰），最下方则是各主要国家航空兵机徽及力量对比图，值得注意的是力量对比图中没有中国——当时的中国空军极为弱小，与日本航空兵相比几乎可以"忽略掉"。

（图片来源 日本京都图书馆）

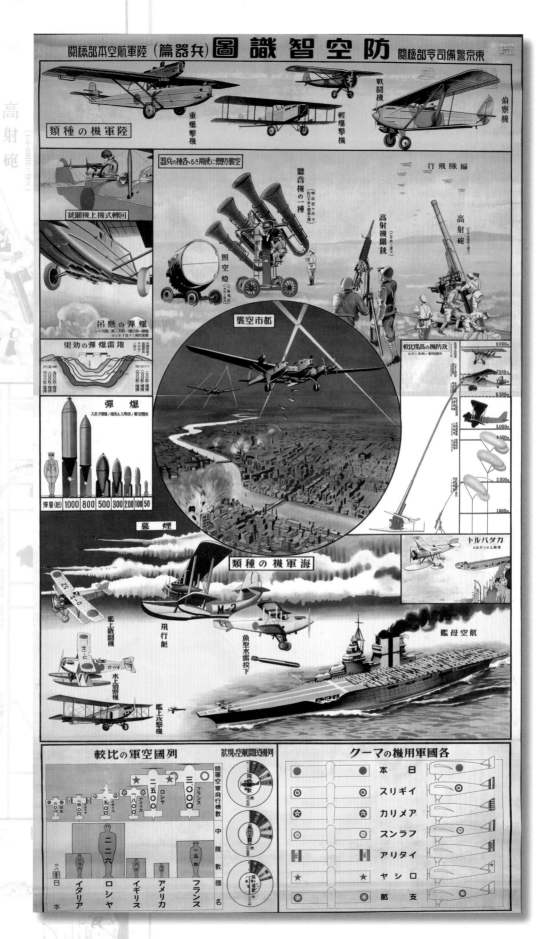

TRAVEL BY AIR!
空中旅行！
歐亞航空公司
載客
運郵 寄貨
EURASIA
PASSENGERS
MAIL FREIGHT

1933

坐"欧亚"去旅行

　　这是难得一见的1933年欧亚航空宣传海报。高72.4厘米，宽54.6厘米。海报上方的宣传词是"Travel by Air！空中旅行！"画面上方呈现了一架飞行的德制容克Ju 52三发动机旅客机，下方则分别表现了中国城市最为经典的古代建筑——城墙和城楼。整幅海报以云团萦绕的中国地图作为背景。殊为难得的是，地图上绘制了当时欧亚航空开航的航线布局。图上清晰显示，欧亚航空建立了一横三纵的航空运输线路。"一横"为上海—南京—郑州—西安—兰州—肃州（今属酒泉）—哈密—迪化（今乌鲁木齐）—塔城，三纵分别为兰州—宁夏—包头，西安—汉州—成都，以及北平（今北京）—郑州—汉口—长沙—广州。海报最下方左右两侧分别用中英文展示了欧亚航空最为主要的航空业务——载客、运邮和寄货。

　　欧亚航空公司创立于1931年3月，是中国国民政府与德国汉莎航空公司合资经营的航空运输企业，总部位于上海，是中国最早的国际航空公司。欧亚航空公司的装备几乎全部来自德国著名飞机制造厂商容克公司，主要航线有平粤线即北平（今北京）—广州，包兰线即包头—兰州，沪兰线即上海—兰州，西昆线即西安—成都—昆明，兰新线即兰州—哈密，另有不定航班若干。抗日战争开始后，迁至昆明。1941年因中国对德国宣战，其资产由国民政府交通部接收。1943年改组为中央航空公司。

1934
海豚飞掠外白渡桥

1930年7月，中国交通部与柯蒂斯－赖特公司签订新合同，联合组建中国航空公司（China National Aviation Corporation），交通部持股55%，美方持股45%。公司有经营权的航线有：上海—南京、汉口—重庆、天津—北平（北京）、汕头—广州等航线，并享有这些航线10年的独占航邮权。1931年4月中国航空公司开通上海—北平（北京）航班，10月开通宜昌—重庆航班。图为1934年10月中国航空公司从美国购买的道格拉斯"海豚"水上飞机在上海上空试飞，背景中的白色大楼为百老汇大厦，大楼前方即为著名的外白渡桥。

1934
高志航与吴铁城

　　这张照片上那个头戴飞行皮帽和风镜的小个子飞行员，是中国军事航空史上的重要人物，他叫高志航，是抗战时中国空军"四天王"之一，曾在1937年"八一四"空战中率先击落日本海军航空兵三菱96式轰炸机，首开击落日机记录。在高志航身边的人，是时任上海市市长的吴铁城。这张照片的拍摄时间是1935年3月18日，当时全面抗战尚未爆发，但日本已经通过"九一八"事变侵占了中国东三省，并逐步蚕食侵吞华北等地区。中国已经处在民族危亡的边缘。高志航出身旧中国东北空军，1932年加入南京中央航空署所属航空队当飞行员。后被派到笕桥中央航空学校任少尉教官。因飞行技术精湛，很快被提升为中尉分队长。拍摄这张照片的当天，南京国民政府正举行典礼接收民众捐资购买的一架战斗机。从照片中飞机机身侧面的"天"字可以知道，这架飞机便是1932年"一·二八"事变后民众捐款购机行动中由上海天厨味精厂出资购买的德国容克K-47全金属战斗机，该机被命名为"天厨"号。就在这次接收典礼上，高志航驾机进行了精彩的飞行表演，以高难度的特技动作折服了在场观众，受到在场群众和外国来宾、记者的高度赞扬。不久，高志航被提为上尉教官、空军第二大队大队长。

　　1937年11月，高志航奉命赴兰州接收苏联援华战机，接收飞机后高志航率队转场到周家口。11月21日，周家口机场接到报告，有11架日机向机场飞来。他立即命令战机起飞迎敌，然而此时日军战机已飞临机场上空！高志航冒着敌机疯狂的弹雨，奋不顾身地登上座机，刚进入机舱，就不幸被日军投下的炸弹击中，高志航当场壮烈殉国，时年30岁。高志航殉国后，国民政府军事委员会委员长蒋介石在汉口商务会大礼堂主持其追悼会，国民政府特追赠其少将军衔。

1934
意大利航空顾问团在南昌

　　由于多年的变乱与动荡，旧中国时代许多历史文档都不复存在。但如果有足够的耐心把眼光放到全世界，我们会发现在那些地理距离遥远的地方，可能保存着很珍贵的影像资料，比如这里展示的这一张。它来自意大利的私人收藏。照片上方"航空委员会欢宴意大利顾问团摄影纪念，廿三年。九·八"字样表明，这张照片拍摄于1934年9月8日，地点是江西南昌。照片上这些身着帅气白色军装白色皮鞋的军人，则是意大利空军顾问团的意大利空军军官和中国空军军官。如果再细抠一下来自意大利的档案，我们甚至能查到照片正中央那位意大利将军的姓名——空军上将弗朗西斯科·利昂（Francesco Leone），他也是本次顾问团的领队。1934年中国开始与意大利在航空工业领域开展合作。一方面，意大利是列强之一，搞好和意大利的关系对中国有益。另一方面，意大利军事装备技术水平

航空委員會歡宴意大

虽然比不上德国，但非常具有特色，称得上物美价廉，非常适合中国这种财力不足的国家。在航空装备方面，中国向意大利订购了菲亚特CR.32战斗机等飞机。意大利向中国派遣了大量军事顾问，中国也派遣了不少军事人员到意大利进行学习，国民政府的空军顾问主要是意大利人。为表示对中国的友好，墨索里尼还向蒋介石赠送了一架座机。此外中国还与意大利合作，在江西南昌建设了中央南昌飞机制造厂，建设资金和技术装备均由意大利垫资，生产布莱达25式教练机、萨伏亚S-81式双发轰炸机等机型，投产后由中国分5年赎回。刚建成时的中央南昌飞机制造厂在设备和规模上名列远东第一，不过该厂刚投产抗战就爆发了，飞机厂被迫迁往大后方。中意之间的军事合作也就此中止。照片背景挂有交叉的中国和意大利两国国旗，后面那座中西合璧的楼房在当时中国南方算是典型的"西式新样建筑"。如果您去过贵州遵义会议会址，应该记得那座属于黔军师长柏辉章的私宅，就是这种带连拱环廊的二层大楼，与照片里这座颇为神似。

1934
招贴画上的时髦 "女飞"

这是一张颇为难得的民国招贴画，确切地说，是当年的烟草制造商的广告年历兼招贴艺术品。招贴印制于民国二十三年，也就是1934年，出品人是"中国福新烟公司"。画面上是一位一身飒爽飞行装的美女，她头戴皮质飞行帽，护目风景置于前额，颈围白色丝巾，上身着短款宽襟大红皮革飞行夹克，下身一条带大腿附加口袋的飞行裤，左胸佩戴一枚带螺旋桨和双翼机图案的飞行证章。女飞行员身后停着一架上单翼飞机，其驾驶舱前风挡和侧窗的造型特点鲜明，这是1928年11月11日至12月18日完成长途飞行的"广州"号的同型机——美国瑞安B-5"布鲁厄姆"。当年，与此一模一样的"广州"号从广州启程，先后经武昌、南京、北平（北京）、奉天、天津、上海、南昌，最后返航广州，全程飞行5600公里，创下了当时中国民用飞机远航的纪录。

根据女飞行员的相貌和装扮，她的参考原型极有可能是名噪一时的演艺飞行双料达人李霞卿。说起李霞卿，她可是演艺界和航空界双料明星，14岁起便以李旦旦的艺名从影，先后参演《玉洁冰清》《和平之神》《海角诗人》《天涯孤女》《五女复仇》《西厢记》《木兰从军》等影片，名噪一时。1929年她随夫迁居欧洲，在瑞士日内瓦塔康纳飞行学校学习飞行，被誉为"中国第一位女飞行员"（这里的第一应该指的是知名度，而非时间上的第一）。1935年李霞卿转到美国奥克兰波音航空学校深造，同年11月5日，以优异成绩成为美国波音航空学校毕业的第一位女学员。1936年，李霞卿怀着民族忧患意识，为唤醒同胞姐支援抗战，驾着单翼轻型飞机在上海上空翱翔，万人空巷，争相目睹。

这幅画的作者在左侧留下了署名"铭生"，此人是民国时期著名招贴画家。画面左上方还有一位"大人物"题词，这便是吴铁城为福新烟公司题写的"烟中铁军"，这样的赞语显然是借用了北伐时期叶挺"铁军"的美誉。

536·1595N·6)(11·29·35·3:50   ...LANDING STAGE MANILA P.I. AFTER COMPLETION OF FIRST ...035.

1937年"中国飞剪"空运邮件资费说明。当时"中国飞剪"从旧金山飞到香港，需要整整一周

1935
"中国飞剪"到马尼拉

　　1935年11月22日，美国泛美航空公司（Pan Am）一架马丁M-130"中国飞剪"（China Clipper/NC14716）大型水上客机从加利福尼亚旧金山出发，先后经火奴鲁鲁、中途岛、威克岛、关岛，最终于29日抵达菲律宾马尼拉。这架飞机上携带了超过110000枚邮件（其中部分邮件经香港转运中国内地），这次远程飞行实现了人类航空历史上首次跨太平洋商业邮政运输业务。通过澳门、香港的中转，"中国飞剪"携带的中国邮件也能北上送往中国内地。这是当时最为快捷的中美邮政路线——毕竟飞机比轮船要快得多。当时"中国飞剪"空运邮件的资费情况，从旧金山寄送邮件到檀香山、关岛、菲律宾、澳门和中国等地，每半盎司的资费分别为2美分、4美分、5美分、7美分和7美分。"中国飞剪"从旧金山飞到香港，需要整整一周。

　　马丁M-130是格伦马丁公司在1935年专门为泛美航空公司研制的大型水上飞机，总共制造了3架，分别命名为"中国飞剪"（China Clipper）、"菲律宾飞剪"（Philippine Clipper）和"夏威夷飞剪"（Hawaii Clipper）。马丁M-130采用全金属机身，外形流畅优美，装备4台动力强大的活塞发动机，当年的造价高达417000美元。耐人寻味的是，这3架马丁M-130后来均坠毁。

1935
跟着中国航空公司游历长江

　　这是两张1935年印制的中国航空公司（CNAC）长江航线时刻表封面。画面设计简练，背景是长江、帆船、轮船和宝塔，主景则是一架水平飞行造型独特的飞机，机身上清楚标注有汉字"南京"和"邮"字样。"南京"是该机的名字，而"邮"则说明飞机承担客运和邮政运输双重任务。这架飞机在历史上属于罕见机种，它是美国道格拉斯公司"海豚"（Dolphin）水陆两栖飞机，总产量只有58架。中国航空公司购买的是2架"海豚"129，这是泛美航空公司订购用于与中国航空公司合作航线的飞机。"海豚"129装备两台450马力普惠"黄蜂"S3D1活塞发动机。这两架飞机后来一架失事坠毁，另一架则被侵华日军所毁。

115

■ 1930年中美合资成立的中国航空公司在中国航空史上占有重要地位。这张当年的中国航空公司宣传海报色彩简洁明快，蓝色背景中央绘有红色环形标志，其中有一个展开双翼的人物形象，其设计思路可能与古希腊神话中的伊卡露斯有关。环形标志中写有中文"中国航空公司"和英文"CNAC"字样。标志上方标有"载客邮运"字样，这是航空公司两项最为重要的空运业务。标志下方以侧视图方式展现了一架水上飞机，其发动机位于机翼前上方。这种飞机，是美国道格拉斯公司制造的"海豚"水上旅客机，可载客6人，中国航空公司曾在1934年引进2架该型飞机。当时中国航空公司总部位于上海广州路3号，海报上清楚地标明了该地址

1935年中国航空公司载客邮运业务宣传海报。海报中央绘制中国航空公司的航线略图，下方则表现一架停泊在码头附近准备起飞的水上飞机——一架美国道格拉斯公司"海豚"水上飞机。在它的旁边，几名男女乘客正准备登机出行，一名地勤人员扛着装满航空邮件的邮宝准备装上飞机。在飞机的远方，露出的一面风帆表明这是一处海港，很有可能就是上海的水上飞机起降港。这张海报上的中国航空公司地址有所变更，变为上海广州路51号

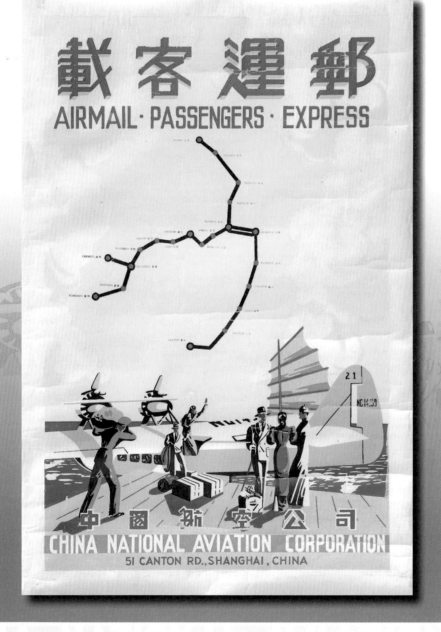

1935
中央飞机制造厂

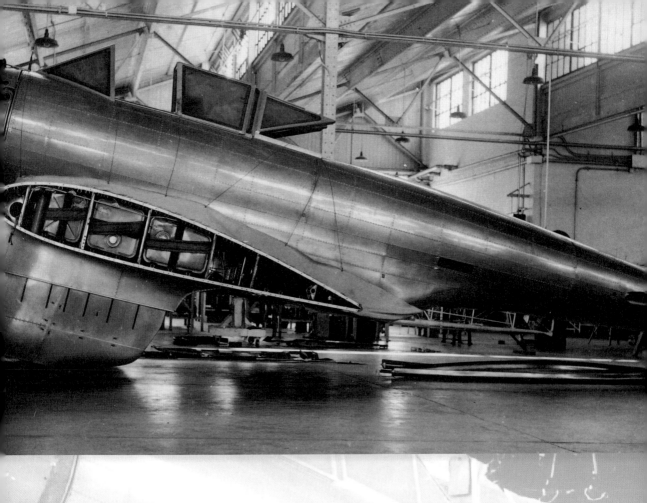

这组照片拍摄于1935年的中国杭州中央飞机制造厂。这些正在总装的飞机是美国诺思罗普"伽玛"2E轻型轰炸机。这种飞机可以携带1600磅（约750公斤）炸弹，装有4挺7.62毫米前射机枪和1挺后卫机枪。在抗战初期，中国空军将其作为轻型轰炸机和对地攻击机使用。

1932年"一·二八"事变之后，中国政府决定加紧建设空军，邀请美国裘伟德上校等来华协助建立笕桥中央航空学校，同时筹建中国航空装备制造工业。南京国民政府先后与美国和意大利商洽，分别在杭州和南昌两地建设飞机制造厂。1934年10月，中美合办的杭州中央飞机制造厂正式成立。照片中这些诺思罗普2E，就是中国政府采购的47架之一，其中25架由诺思罗普公司先在美国本土完成零部件的生产，然后将散件海运到中国，最后由美方技术人员指导并组织，在杭州中央航空制造厂完成总装，试飞合格后交付中国空军。

1937年8月14日，中国空军第1大队和第2大队所属诺思罗普2E率先出击，轰炸日本在上海的军舰及陆上设施。8月19日轰炸杭州湾外海日舰时，第2大队飞行员沈崇诲和陈锡纯驾驶该型飞机在中弹负伤后坚决不退，携带炸弹冲向日舰，与敌同归于尽，堪为抗战英雄楷模。

1936
成都号 DC-2

20世纪30年代的中国，民航运输业曾有一个相对快速发展的时期。当时中国有中德合资的欧亚航空公司和中美合资的中国航空公司。欧亚航空公司使用德制容克旅客机，由德国飞行员执飞；而中国航空公司则使用美制道格拉斯旅客机，飞行人员由中美人员混合编成。这张照片由美国著名摄影家福尔曼拍摄于1936年，地点不详，清晰显示了一架中国航空公司所属的道格拉斯DC-2型客机。快门按下时，乘客们正从舱门陆续离机——乘客全是礼帽族，或可反映出他们较好的经济实力。飞机头部侧面的文字"成都"表明这架飞机被命名为"成都"号，中机身侧面硕大的"邮"字，则表明了早期中国民用航空运输业的一项重要业务——运输航空邮件。当时中国和世界其他主要国家一样，民用飞机在搭载旅客的同时，也会同时运输邮件，作为对运营收入的补贴。在那个普通人很难承担机票票价的时代，航空运输公司已经发现，每公斤商载的盈利率，邮件要远高于乘客。在离机的乘客行列侧面，可以看到已经被取下的邮件袋，至于乘客们的行李，则由机组勤务人员从飞机后部的行李舱中取下，由乘客们自行提着离开。那时候的停机坪，不过是一片平坦的草地，比今天的机场简陋多了。DC-2飞机采用后三点起落架，停放时机身距离地面较低，乘客依靠一个依靠人力移动的简易小舷梯就能上下飞机，也就不需要现代机场那样的廊桥或舷梯车。不过一旦遇上刮风下雨，那么乘客登机和离机过程也就变得艰难。

1936
霍克III到中国

　　这张照片之所以珍贵，是因为它真实记录了全面抗战爆发前，中国政府从美国采购的柯蒂斯霍克III战斗机刚刚交付的状态。这批崭新的霍克III显然刚刚抵达杭州笕桥，经技术人员组装完毕，飞机的三叶金属螺旋桨闪闪发光，机翼下方的炸弹挂架，翼尖部位的着陆灯一应俱全。霍克III在柯蒂斯工厂内部编号为68C型（BF2C-1），该机最早是20世纪30年代为美国海军研制的双翼战斗机。与更早的型号相比，67型采用了可收放起落架。起落架的设计形式很大程度上受到了格洛沃尔·洛宁（Grover Loening）XFF-1原型机的影响。1933年，装备700马力

莱特R-1820-80星形活塞发动机的柯蒂斯BF2C-1获得美国海军27架订单。这种飞机采用半封闭式座舱，后部机身抬升，下翼为金属结构，装备两挺7.62毫米勃朗宁机枪。3个外挂点可以挂装230公斤武器。1934年这种飞机曾短暂装备美国海军"游骑兵"号航母，但因为着陆困难很快撤装。

此时在太平洋另一端，中国政府正在筹措资金加强空军建设。柯蒂斯公司立即将美国海军拒绝继续采购的BF2C-1作为出口装备向中国推销。自1936年起，中国空军陆续采购了102架霍克III，并将其作为多用途战斗机使用。抗战爆发初期，霍克III与更早的霍克II一起成为迎战日军航空兵的中坚力量。中国空军王牌飞行员高志航击落首架日军三菱96式轰炸机时，驾驶的就是霍克III。后来随着损耗增大，中国空军逐渐用苏联援助的波利卡尔波夫伊-15和伊-16战斗机替换了霍克II/III。1940年夏，剩余的9架霍克III还参加过保卫中国战时陪都重庆的防空任务。"二战"中，泰国皇家空军也装备过霍克III，今天泰国空军博物馆保存着唯一的一架存世的霍克III实物。

1936
加油的
"南京号"

"南京号"舱门口热情洋溢的孩子们，她们的衣着在当时的中国属时尚一族

走下"南京号"的乘客们，从衣着判断，她（他）们多是富庶之家或军政人士

微寒的天气里，地勤人员正忙碌着利用手摇泵把航空汽油从大油桶中抽取出来，通过软管泵进机翼上方的加油口。在1936年，这架机首侧面写着"南京"字样的飞机正在经停站加注燃油准备再次起飞。那时的飞机航程有限，要完成漫长的旅程，必须多次降落加油和维修。这张1936年拍摄的照片从侧前方为我们留下了这架中国航空公司"南京号"DC-2的影像。机头正前下方两个硕大的着陆灯让飞机看起来像是某种科技怪兽，这也是DC-2区别于更新的DC-3的重要特征。在DC-2的时代，飞机采用的是重力加油技术，所有的燃油必须像灌水壶一样从油箱上方的口盖向下灌入。油箱位于机翼内部，口盖开在机翼上部蒙皮处，而油桶只能摆在飞机脚下，因此手摇泵就成了地勤人员加油必备工具。如果条件实在简陋，还有一个折中办法，那就是把汽油分装在小水桶内，由站在机翼上的地勤一桶一桶地通过大漏斗手工灌进去，总之相当费时费力。现代民用客机多采用压力加油，油箱仍在机翼内部，但加油口盖在机翼下方，燃油通过高压泵被从下方强力注入油箱，速度之快，效率之高，远非那时可比。

1937
空军之魂

　　这是1937年前后中国空军杭州笕桥航校大门口的旗杆基座上的标语。上面镌刻着：我们的身体、飞机和炸弹，当与敌人兵舰阵地同归于尽！这是中国飞行员抗敌的铮铮誓言。尽管与敌人相比在规模上和质量上都处于绝对劣势，但中国空军从来不缺乏精神。在1937年8月14日及以后的淞沪空战中，他们用主动进攻表明了自己的英勇无畏。抗战初期中国空军涌现出了诸多英雄飞行员，其中4名战果最丰的被誉为"四大金刚"，分别是高志航、刘粹刚、李桂丹和乐以琴。其中刘粹刚在1937年支援忻口转场途中因事故遇难，高志航在1937年11月21日在周口遭日机空袭牺牲，乐以琴在1937年12月南京保卫战中牺牲，李桂丹在1938年2月武汉保卫战中殉国。此时距离全面抗战爆发尚不足一年，足见中国空军不畏强敌的奋战与牺牲精神。

抗战时期中国空军上士军衔胸章。胸章上写着"不怕死，不贪财，爱国家，爱百姓"

我們的身體和炸彈，飛機當與敵人兵，艦陣地同歸於盡！

127

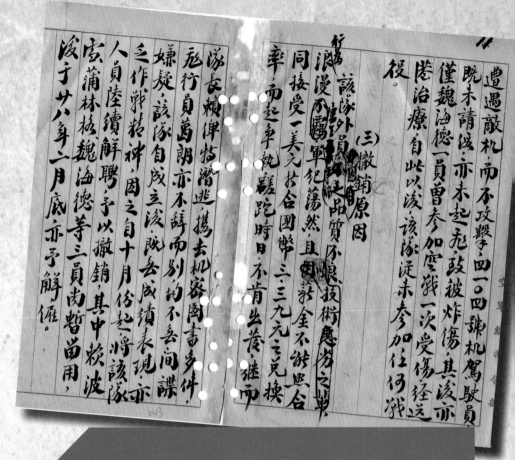

1937 第十四队的成立与裁撤

　　1937年，就在抗战全面爆发那一年，国民政府正式颁布命令，制订空军军旗样式，原直属于陆军总司令部的空军，自此成为独立军种（直属航空委员会）。中日抗战爆发后，中国空军总体实力远逊于日本。虽然在数量及质量上均不及日本，但在1937年8月14日首次空战时，中国空军就以勇敢精神奋起迎战，击落日机9架，取得"八·一四"空战的胜利，还曾在1938年奇袭日据台北空军基地及飞抵日本本土内地实施"纸片轰炸"，在全世界引发巨大反响。然而，由于中国军用飞机及相关技术人员极为缺乏，随着中国空军损失程度加剧，中国空军渐渐无法完全抵御日机的侵袭，制空权几乎全为日本所掌控，中国政府为强化空军作战实力，决定以合约方式雇外籍飞行员来华协助空军作战，以抵抗日寇的空中威胁。

　　1937年10月，美国人舒米德来华参与中国空军，此后陆续有美、法、英、

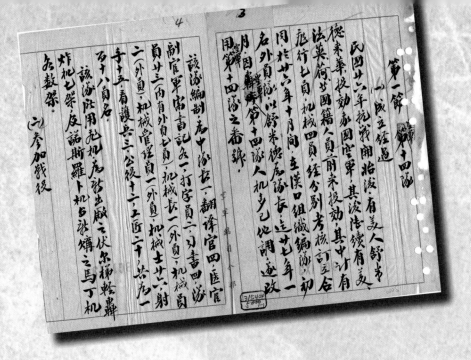

荷等国飞行员加入，首批来华的外籍飞行员经考核签订合同后，于1937年10月在汉口编为空军第十四队参加空战，后因指挥系统及纪律等问题，第十四队在1938年3月间裁撤。这份收藏于中国台湾的第十四队成立档案清楚地记录了第十四队成立和裁撤的来龙去脉。档案原文为：

民国二十六年抗战开始后，有美国人舒米德来华投效我国空军，其后陆续有美、法、英、荷等国籍人员前来投效，其中计有飞行七员，机械四员，经分别考核订立合同，于二十六年十月间，在汉口组织编队，初名外员队，以舒米德为队长，迄二十七年一月因空军第十四队人机多已他调，遂改用第十四队之番号。

该队编制，为中队长一，翻译官四，医官副官军需官书记各一，打字员二，司书四，队员二十三（内有外员七员）；机械长一（外员），机械员二（外员），机械管理员一（外员），机械士二十六，射手十五，看护兵三，公役十二，工匠二十，共为一百十八员名。

该队所用飞机为新出厂之伏尔梯轻轰炸机七架及诺斯罗卜机与新购之马丁机各数架……遭遇敌机而不攻击，四一·四号机驾驶员既未请假，亦未起飞，致被炸伤，其后亦仅魏海德一员曾参加空战一次受伤经送港台疗，自此以后该队从未参加任何战役。（三）撤销原因。该队外员因品质技术不良，行为浪漫，军纪荡然，且以薪金不能照合同接受一美元折合国币三.三九元之兑换率，而起争执，蹉跎时日，不肯出发，继而队长赖俾牧潜逃，携去机密图书多件。飞行员葛朗亦不辞而别，均不无间谍嫌疑。该队自成立后，既无成绩，表现亦乏作战精神，因之自十月份起，将该队人员陆续解聘，予以撤销，其中赖波雪、蒲林格、魏海德等三员尚暂留用，后于二十八年二月底亦予解聘。"由此可见，第十四队所聘外籍飞行员全然是雇佣兵心态，仅以赚取薪金为目的，不思杀敌，于抗战有损无补。

1937
卢沟桥记忆

　　这是两枚日本造币局1937年制造的卢沟桥事变（日本称"支那事变"）铜制纪念章。章体直径54.6毫米，每枚正面都有镏金日军形象，背面则不约而同地使用了日本轰炸机、炸弹和地图图案。其中一枚采用的是日军三菱九三轻爆，另一枚则是三菱九六陆攻，飞机同样表面镏金。三菱九三轻爆也被称作三菱Ki-2，是1933年首飞的日本陆军轻型轰炸机，其总体设计参考了德国容克K-37。该机外形丑陋，且服役时性能已经落后，但侵华战争初期仍在华北战场执行过少量任务——当时中国抗日军民防空能力极差，难以对该机构成有效威慑。随着战争进程的发展，三菱九三轻爆转为训练用途。

　　至于三菱九六陆攻，也被称作三菱G3M，是日本海军在侵华战争中使用的主力轰炸机。1935年首飞的三菱九六设计时极为强调航程、速度和载弹量，对自卫能力却不予重视——事实上盟军飞行员称它是"一弹打火机"。凭借较大的航程，该机能从日本本土和中国台湾的基底起飞轰炸内地。抗战中它们曾轰炸上海、杭州和重庆等地，给中国军民造成重大损失。1937年"八·一四"空战中，中国空军王牌飞行员高志航率先击落的日机就是它。

1937 跑马场上的"日之丸"

这张照片是日本海军航空兵从空中拍摄的，时间是在1937年淞沪会战结束、上海沦陷之后。画面上，两架日本海军航空兵中岛95式水上侦察机正飞行在上海上空——飞机下方硕大的近圆场地即旧上海跑马场（今上海人民广场附近）。在抗日战争时期，中国和日本的国防工业能力存在着巨大差距。经过了近二十年的精心谋划和准备，日本到1937年已经全面实现了军事装备的自给，除了陆军的坦克装甲车辆和轻重枪械和火炮，航空装备也全部实现了国产化，甚至可以独立制造较为先进的97式战斗机和96式轰炸机。与此同时，日本还成功在国内建立起较为高效的航空装备研发系统，到1940年又研制成功更为先进的零式战斗机，曾一度夺取了中国战区的空中装备优势，给中国空军造成了巨大压力。相比之下，中国虽然从1934年开始建立航空装备生产设施，但是由于科研技术体系薄弱，这些生产设施主要采取与美国和意大利等工业强国合办的方式进行，装备技术和生产设施主要依靠外来输入，抗战开始后由于美国中立以及意大利加入法西斯阵营，这些设施难以为继。中国海外采购航空装备的渠道也变得极为艰难。这种状况事实上造成了在抗战初期，中日双方的空中交锋变成了中国空军的纯消耗战，让中国航空兵处于极为不利的境地，也对地面作战造成了严重的负面影响。

1937
苏联志愿航空队旧档

1937年日军发起全面侵华攻势后，为遏制日军北窜企图，苏联于1937年11月派遣航空志愿队来华，一方面参加航空作战；另一方面为中国空军担任战术及技术顾问。1938年的武汉保卫战期间，苏联志愿航空队曾英勇作战，战绩显赫。1938年2月，苏联志愿航空队还会同中国空军使用 SB-2 轰炸机从汉口和南昌起飞，奔袭日据台湾松山机场，摧毁组装好的日机12架，炸毁营房数十栋，焚毁了大量航空燃油，致使松山机场瘫痪一月有余。但1941年随着苏联与日本签订中立友好条约，苏联无法继续支持中国空军作战。这几份收藏在中国台湾的《苏俄志愿队成立经过》、《苏俄空军志愿队组织编制表》和《苏俄志愿队援华情况》档案相当珍贵，它们反映了苏联航空志愿队成立和编制的部分细节。其中《苏俄志愿队援华情况》档案显示，苏联志愿航空队在最高峰时1939年7月至1940年3月，共编制有驱逐、轰炸大队44个，实力相当雄厚。此后即陆续撤回国内，至1940年6月仅余一个驱逐大队。《苏俄空军志愿队组织编制表》档案详细记录了1938—1939年底苏联志愿航空队的编制情况。档案显示，苏联志愿航空队当时主要装备伊-15和伊-16战斗机以及 SB 和 DB-3 轻型轰炸机。总数为124架。

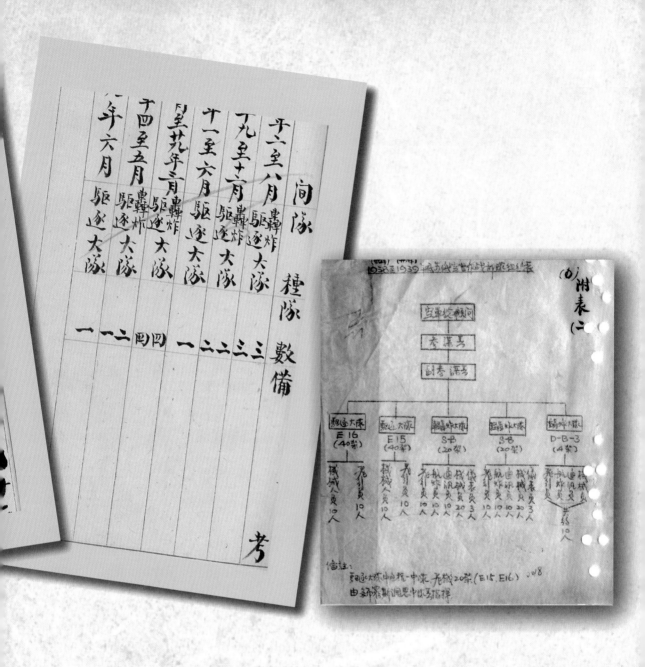

《苏俄志愿队成立经过》档案的部分原文如下：

俄志愿队（又名俄员队），系于民国廿六年十一月成立，因俄方一切保守秘密，故其内容不甚详悉。大致情形，可分为三个阶段，第一阶段为廿六年十一月至廿八年夏季，志愿队来华时期，第二阶段为廿八年下半年至廿九年夏季，志愿队分批返国并协助训练我国飞行人员时期，第三阶段为廿九年下半年至卅年顾问时期，在此时期内留华俄员，除在兰州驻……

武昌委員長蔣鈞鑒據駐粵空軍指揮部魚未籌電

稱據第四路軍總司令部轉據港探報稱(1)東京息

我機飛炸台北後敵大本營認係侵華以來之最大

損失故對於台灣軍司令部古莊事前既無準備事

後復應付失當深致不滿已決將其撤換繼任者未

悉(2)敵強抽台北青年入伍編隊因多逃避加入革

命黨(霧社)已達四五十人於前月元日晚曾在阿里

山附近擊斃敵官兵卅餘人等語謹稟職錢大鈞叩

此

中華民國 　 年 　 月 　 號 　 發

1938
突袭松山战报

　　1938年2月23日，中国空军和苏联志愿航空队联合出动40架SB-2轰炸机，分别由汉口和南昌起飞奔袭日据台北松山机场。其中汉口出发的28机编队顺利抵达目标，炸毁日机12架，焚毁大量航空油料，松山机场瘫痪一月有余。此为突袭之后航空委员会《空军作战统计报告》电稿原件。电文如下："武昌委员长蒋钧鉴，据驻粤空军指挥部鱼未筹电称据第四路军总司令部转据港探报称（1）东京息我机飞炸台北后敌大本营认系侵华以来之最大损失，故对于台湾军司令部古庄（著者注：即古庄干郎中将，侵华日军台湾军司令官兼第5军司令官）事前既无准备事后复应对失当，深致不满，已决将其撤换，继任者未悉（2）敌强抽台北青年入伍编队，因多逃避加入革命党（雾社）已达四五千人，于前月元日晚曾在阿里山附近击毙敌官兵卅余人等语谨禀，职钱大钧（著者注：时任国民政府航空委员会主任）叩。"

（原档藏于中国台湾档案馆）

1940
迫降香港的"翔龙"

1940年9月5日，香港上空突然出现了一架涂装怪异的德制容克Ju.86Z型旅客机。根据机身上M-213的注册号和驾驶舱后方"翔龙"二字名称，该机应该是伪满洲国的满洲航空株式会社的旅客机。然而，这架飞机的机翼上和尾翼上，均未采用满洲航空特有的红蓝白黑满地黄圆形标志，而是直接涂上了猩红的日之丸。由于港英当局当时并不承认伪满洲国，满洲航空株式会社当然没有与香港建立定期航班联系。只见这架Ju.86Z高度不断下降，显然在寻找着陆地，飞行员最后试图在军地（Kwanti）马场实施紧急降落，但降落时飞机完全失控，左侧机翼着地，飞机侧倾后撞上树木，机身全毁。当时时间是15时47分。机上当时并无乘客，但两名飞行员均受伤住院。事后查明，当时满洲航空株式会社有3架Ju.86Z由台湾转场广州，这架编号M-213的Ju.86Z在飞到筲头角（Shau Tau Kok）时发动机出现故障，无法保持高度，由于正前方为山地，飞行员左转进入香港空域，试图寻找迫降场地，结果迫降失败。虽然当时日本已经发动全面侵华战争，但尚未在太平洋对美英发动全面攻势，更未占领香港。所以这架Ju.86Z迫降事件处理得仍比较平和——飞机残骸先用铁路运往九龙，再由日本商船运往大连。如今许多历史研究者认为，这架Ju.86Z特殊的涂装表明，当时它执行的是日本军方的秘密任务，加之它未搭载任何乘客，因此取道香港飞往广州的真正目的很可能正如港英当局所称，是在对香港实施军事航空侦察。1941年12月25日，随着香港总督向日军投降，日军占领香港。香港自此开始了长达3年零8个月的日据时期。

1940s
安息，战友们

    这是抗战时期照片经典中之经典。中国西南的一处美军飞行人员墓地，一名美军号手吹响悠扬的熄灯号，提醒那些长眠地下的战友们，属于你们的战争已经结束，荣誉将陪伴你们安息。号手对面，一位中国士兵持枪敬礼，向与中国军队并肩作战的美国战友致以最后的敬意。在这场抗击日本法西斯的战争中，美国曾给予中国军民有力的支援，许多美国军人牺牲在中国的土地上。值此反法西斯胜利70周年之际，回望历史，你会发现，为正义事业奉献的人们，永远不会被人遗忘。

1940s 猴子与战鹰

　　这张照片由美国战地记者拍摄于抗日战争时期中国战场某座机场，画面中的战斗机是美国陆军航空队第51战斗机大队第26战斗机中队一架待命的柯蒂斯P-40K"战鹰"战斗机（s/n 42-9758）。飞机左翼根部，飞行员埃尔默·蓬斯中士（Sgt. Elmer J. Pence）正用一支很细的毛刷在座舱侧面涂写一枚小小的日本旭日旗，每一面旭日旗都代表一架坠落于这架飞机炮口前的日本飞机——这是该机第二个日机击落战果标志。一只小猴子安静地蹲坐在发动机整流罩上，饶有兴趣地摆弄着主人的另一把大毛刷。在紧张的战场上，士兵们经常会豢养各种小宠物作为自己的伙伴，这也是战斗间隙时间里放松心情的好办法——动物们很少能明白什么是战争，什么是死亡，它们总能让士兵们感受到难得的安逸和闲暇。有些时候一只可爱的动物甚至会成为一支部队的官方宠物，此时它们的身份就会陡然提升，作为部队吉祥物拥有和士兵一样的待遇。

1940s
机场上的中国纤夫

　　这张照片拍摄于1943—1945年间的中国云南。画面上，200多名中国民工使用绳索集体牵拉一个巨大的石碾，缓缓前行，一点一点地碾平刚刚建成的机场道面。就是依靠这样的石碾子，各种规格的碎石被压进1米多深的地基并压实，使其可以满足沉重的飞机起降的需求。本来这样的工作应该由重型压路机来完成，但在艰苦的抗战后方，特别是在机场所在地，这类修筑机械极为缺乏，许多中国境内的盟军机场，都是依靠中国百姓的血肉之躯修建起来的。这样的机场足以满足各种飞机的起降，满载的B-29"超级空中堡垒"也不在话下。请注意画面背景远处停放着一架B-24"解放者"轰炸机。这一场景，很容易在观者脑海中生成喊着号子戮力向前的纤夫形象。为了让民工们能协调一致地发力，两个监工负责指挥。其中一个位于整个"纤夫"队伍的前面，手持礼帽正在喊号子；另一个则站在碾子后面的框架上，从高处掌控碾子的走向。画面右侧前景中，可以看到几位妇女正在将小石块砸实，这里未来是飞机的滑行道。

国际反侵略运动中国分会制作的抗战宣传画《我愈战愈强，敌愈战愈弱》，画面下方是熊熊战火中狼狈不堪的日本侵略军，而上方则是头戴德式钢盔、表情坚毅的中国士兵。背景中有大群飞机隆隆飞过。形象地向中国民众表明了中国抗战的持久性

1940s 我愈战愈强，敌愈战愈弱

1940s

优秀的青年，到空军中去

优秀的青年
到空军中去

军委会政治部印

抗战时期中国国民政府军事委员会政治部制作的空军征兵宣传画，主题词是"优秀的青年，到空军中去"。整幅画以明亮的红色为底色，人物则被绘制成同样亮丽的黄色，构成鲜明的对比。画面下方是一架双发动机重型轰炸机，前景是一位头戴皮制飞行帽、身着飞行服的中国年轻飞行员，他正举起右手向空中飞过的三架双翼战斗机致意

1940s
战机万架扫荡日本

　　"二战"时期美国政府宣传部印发的一张中文版宣传单，其宣传对象可能是美国的华人群体。传单表现了一架装有4台螺旋桨活塞发动机的重型轰炸机，下方的宣传词一共只有八个字"战机万架扫荡三岛"，从用词的水平看显然是经过了缜密思考和精心筹划。这种主题词的斟酌，明显符合中国战区的民众心理，首先战机万架气势磅礴，中国人听了十分给力，其次"扫荡"这个词用得精妙，这常常是日军对占领区进行武装围剿和镇压行动的专有名词，现在反过来用在对日轰炸上，对日本人的心理是强烈震慑。这张传单上最为有趣的就是这架大型轰炸机，这架4发飞机既不是B-17也不是B-29，而是极为罕见的道格拉斯XB-19试验型轰炸机，在1946年以前该机一直是美国最大的轰炸机。道格拉斯研制XB-19的目的是验证大型轰炸机的飞行性能和设计技术。但是在1941年6月该机首飞前，波音公司在大型轰炸机技术方面已经后来居上。XB-19虽然没能最后投产，但它反映了美国力图通过构建强大的远程轰炸能力夺取太平洋战区对日作战的终极优势，这种努力加上美国强大工业实力的辅助，已经注定了日本必然遭到成千上万大型轰炸机的战略扫荡。

戰機萬架
掃蕩三島

美國政府宣傳部印製

美國的資源就
是中國的資源

美國印行

同时期的另一张美国传单《美国的资源就是中国的资源！》。战争一旦有了长期化特征，或者进入某种程度的相持阶段，那么就变成了一种双方耐消耗能力的对赌。战略的天平，往往会逐渐向资源丰厚的一方倾斜。1941年12月7日珍珠港事件爆发，美国决定参战。早在此前，美国已经通过租界法案，决定援助英国、苏联和中国等反法西斯作战的国家。珍珠港事件后，美国意识到太平洋战场的重要地位，开始迅速增大对中国的军事援助规模和力度。拥有世界上最强大工业和经济实力的美利坚合众国，迅速变身成为世界民主国家的军工厂。这张用中文印制的传单，既是对美国援华决心的反映，也是对中国民众信心的鼓舞，更是对日本侵略者的心理震慑

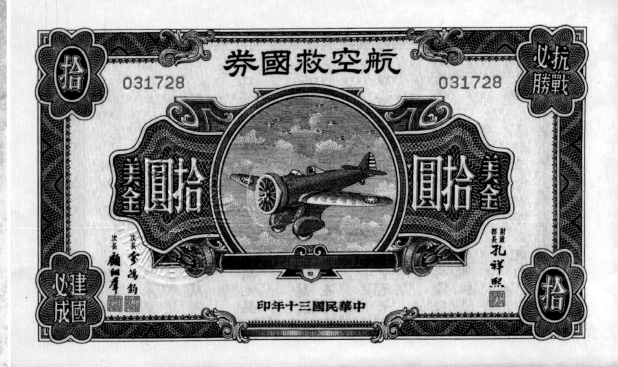

1941 航空救国券

抗战时期，由于中国不具备航空制造能力，所需军用飞机全部需要外购，而日本飞机则实现了全部国产。经过不到一年的抗战，中国空军作战飞机损失殆尽，国民政府为进口飞机，发行了以美元计值的"航空救国券"，用于筹款购入外国军用飞机。现在能见到的"航空救国券"有5元、10元、50元、100元四种面值，正面图案均为美国波音P-26"玩具枪"全金属单翼战斗机。P-26是波音公司历史上的一代名机，也是美军第一种全金属战斗机。该机采用固定式起落架，曾出口到不少国家，但该机偏偏没有出口过中国。

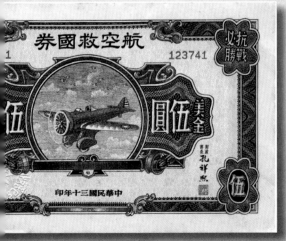

航空救國券發行簡章

第一條 國民政府為籌理航空募款
       購機及推進航空教育起見
       發行本券定名為航空救國
       券

第二條 本券總額美金伍百萬元照
       券面十足發行

第三條 本券自戰事東後由財政
       部在國庫收入項下於五年
       內分期抽籤償還之

第四條 本券面額分百元五十元十
       元五元四種

第五條 對於本券如有偽造及毀損
       之行為者由司法機關依法
       懲處

第六條 本簡章自核准日施行

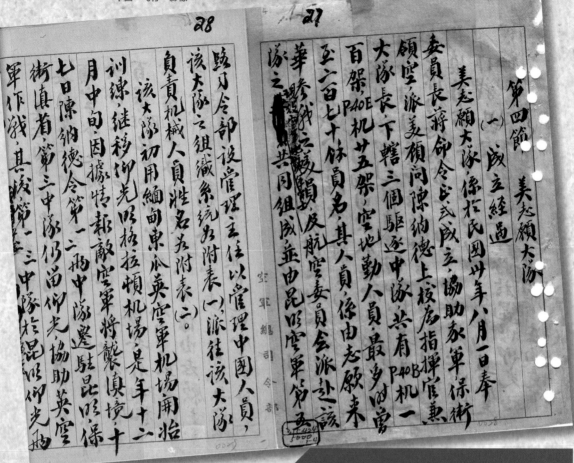

1941 "飞虎队" 到中国

■《美志愿大队成立经过》档案原件。这份档案记录了美国援华志愿航空队成立的经过，原文为："美志愿大队，系于民国卅年八月一日奉委员长蒋命令正式成立，协助我军保卫领空，派美顾问陈纳德上校为指挥官兼大队长，下辖三个驱逐中队，共有P-40B机一百架，P-40E机廿五架，空地勤人员最多时曾至二百七十余员名，其人员系由志愿来华参战之美员，及航空委员会派赴该队之现役空军地勤军士共同组成，并由昆明空军第五路司令部设管理主任以管理中国人员，该大队之组织系统为附表（一），派往该大队负责机械人员姓名为附表（二）。该大队初用缅甸东瓜英空军机场开始训练，继移仰光明格拉顿机场，是年十二月中旬，因据情报敌空军将袭滇境，十七日陈纳德令第一、二两中队迁驻昆明，保卫滇省。第三中队仍留仰光，协助英空军作战，其后第一、二、三中队于昆明、仰光两……"

1940年后，由于中国空军装备损耗殆尽，苏联志愿航空队逐步撤离，抗日战场上的制空权被日军夺取，地面部队经常在作战中遭受日军空中威胁，作战极为艰难。尤其当日本零式战斗机投入中国大陆战场后，中国空军在飞机性能及人员上更无法与日本抗衡。中国政府在聘请美国退役军官陈纳德来华评估空军状况后，陈纳德建议创立一支结合中美空军人员及配属美式设备的空军，于是国民政府委托担任顾问的陈纳德将军赴美洽购飞机，并设法招募飞行员来华参战。经过陈纳德在美国积极活动斡旋，终于在美国购得100架战斗机，并招募到一批美国陆海军飞行员。随即在1941年8月成立"中国空军美国志愿援华航空队"（American Volunteer Group，简称AVG），陈纳德为指挥官兼大队长，依合约在华参战一年。这就是之后声名显赫的"飞虎队"。"飞虎队"在短暂但荣耀的岁月里，队员以个人身份参加，不仅无军衔，亦无编制，甚至没有统一的军服。但在陈纳德将军领导下，这支临时组成的外籍飞行队，在与日军作战时连战皆捷。"飞虎队"以少数的人员、飞机面对数量众多的日机与船舰，凭借优异的技术，屡挫强敌，写下辉煌空战篇章。1942年美国在珍珠港事件爆发后对日宣战，一改过去的暧昧援助为公开援助，并派遣航空队来华作战。作为志愿大队的"飞虎队"已无存在必要，解散后以驻华航空特遣队继续执行作战任务。1943年，美方为强化中国战区的空军战力，解散驻华特遣队，组成美国陆军第14航空队，并选派中国人员赴美受训后，回国组成中美空军混合联队（中美联队），继续协助中国对日作战。"飞虎队"从成立到解散，历时仅一年，部分成员后来归建美军，"飞虎队"就此不再存在。继"飞虎队"之后美军组建了美国陆军第十四航空队，协助中国对日空中作战，该航空队多次击退日机，战果颇丰，成为抗战时期空中作战的重要力量。

（图片来源　中国台湾历史档案馆）

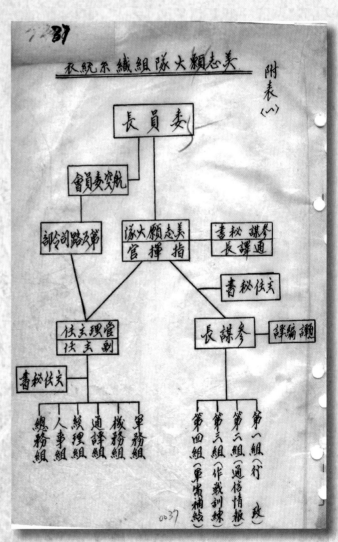

■《美国志愿大队组织表》档案原件

《美国志愿队人数统计表》档案原件，从中可以看出"飞虎队"通常的飞行人员保持在70人左右

《美国志愿队战果》档案原件，其中记录十分详细，是研究"飞虎队"在华作战历程的重要史料

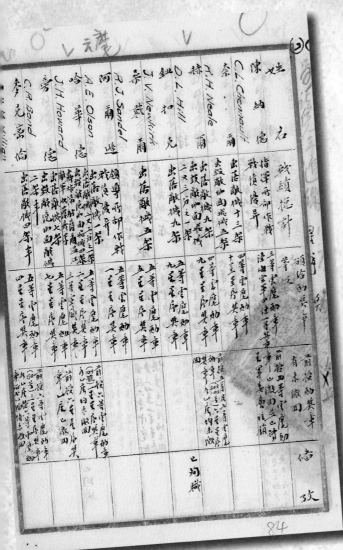

这份《美国志愿大队飞行员击毁日机纪录》档案中显示，来自美国爱荷华州的"飞虎队"第一驱逐中队中队长尼尔（疑为前档中之奈尔）个人击落战果16架，位列第一

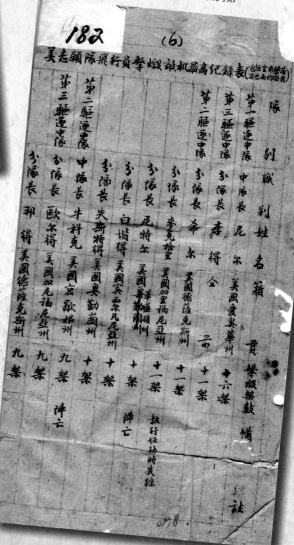

《美国志愿队勋奖暨战绩》档案。从中可以看到，作为指挥官的陈纳德因战绩优异被国民政府颁赠三等云麾勋章和陆海空军甲种一等奖章。有趣的是，档案中还特地说明此前颁赠陈纳德的四等云麾勋章已经由本人缴回，由军委会注销。这是国民政府时期勋章制度的生动记录。档案中还表明"飞虎队"队员奈尔（K. H. Neale）个人击落敌机13架，击毁地面敌机5架，其他获勋赏的飞行员也都列明战绩，足见"飞虎队"战绩非凡

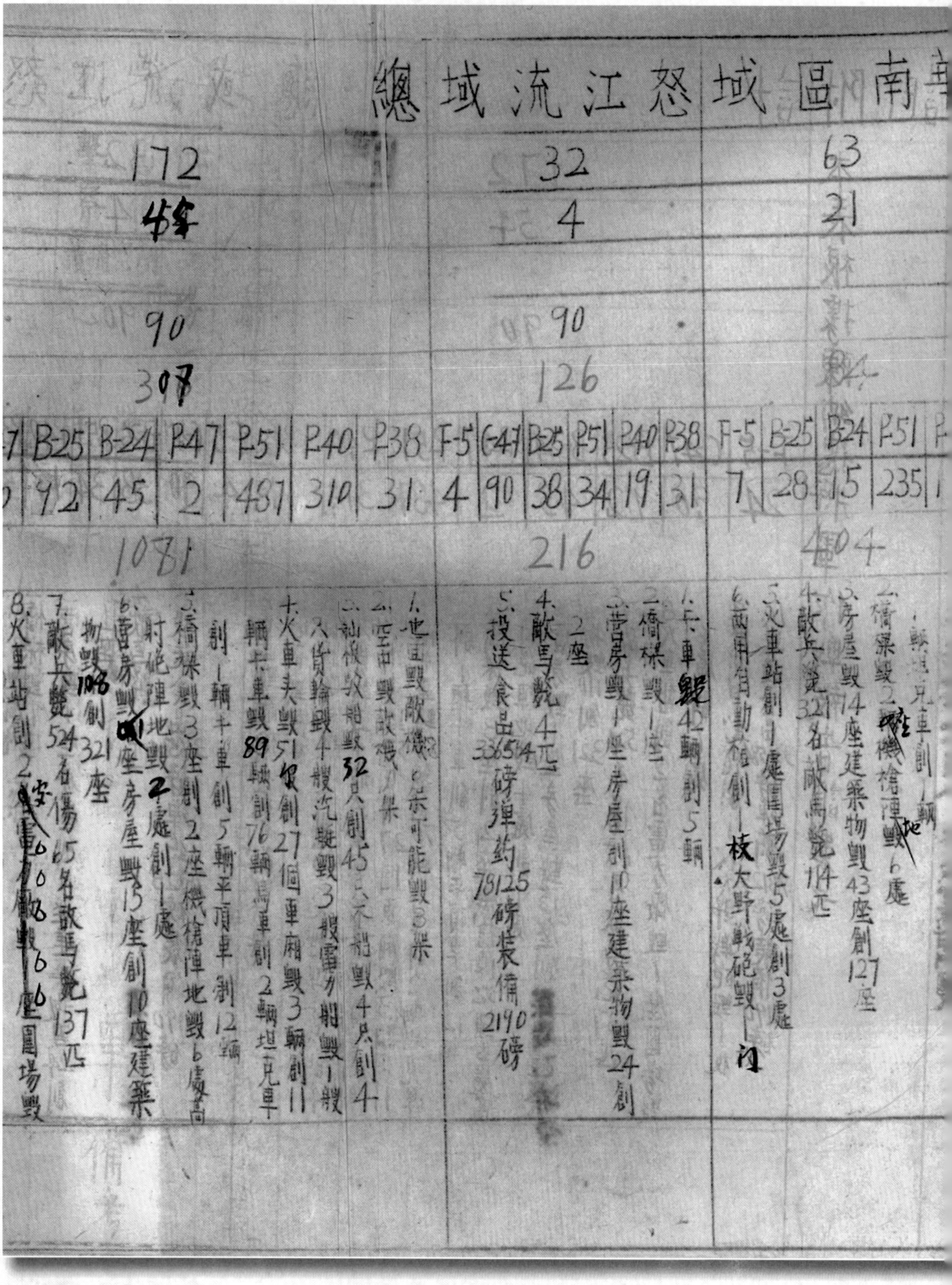

華南區域	怒江流域	總
172	32	63
~~4~~	4	21
90	90	
307	126	

B-25	B-24	P47	P51	P40	P38	F-5	C-47	B25	P51	P40	P38	F-5	B25	B24	P51
42	45	2	487	310	31	4	90	38	34	19	31	7	28	15	235

1081	216	404

（以下為手寫直行文字，由右至左）

一、輪船兒車斃1艘 地
二、房屋毀74座 機槍陣地毀6處
三、房屋毀2座 建築物毀43座 創127座
四、敵兵斃321名 戰馬斃114匹
五、火車站創1處 電話提毀5處 創3處
六、兩用自動槍創1梃 大野戰砲毀1門

一、車輛毀42輛 創5輛
二、僑樑毀1座
三、營房毀1座 房屋創10座 建築物毀24創
四、敵馬斃4匹
五、投送食品3654元 磅彈藥78125磅 裝備2190磅
2座

1、地雷毀敵艇6 赤可能毀8架
2、空車毀敵機2架
3、油槽汽船毀3 糧霉力…毀1架
五、橋樑毀3座 創2座 機槍陣地毀6處同
大貨輪毀3輛 創11
輪卡車毀89輛
八、貨輪斃27個車廂毀3輛 創11
四、火車夫斃51創76 戰馬車創2輛坦克車1
大貨輪毀45 …兵創4
村砲陣地毀3座 創2座 機槍陣地毀6處 同
六、營房屋毀15座 創10座建築
7、敵兵斃108 創321座
8、火車站創2座 空電…毀6座圖場毀
…傷65名 敵馬斃137匹

美國第十四航空隊二十三年十二月一日至十日作戰次數戰果統計表

項目 \ 區別		黃河流域	華中	區
任務	出擊	20	57	
	偵察	1	19	
	制空掩護			
	運送			
	小計	21	76	
飛機 機種		P-40 / P-47 / P-51 / B-24 / B-25	P-40 / P-51 / B-24 / B-25	
飛機 機數		4 / 2 / 62 / 5 / 8	148 / 156 / 25 / 18	
小計		101	340	

戰果

黃河流域區：
一、空中擊毀敵機2架
二、火車擊毀40個創4個車廂創11架卡車
三、建築物擊毀2座
四、電力敲毀1座

華中區：
一、地面擊毀敵機6架可能毀3架
二、空中擊毀敵機9架
三、舢板炸毀32只創45只木船毀4只創4只
四、火車擊毀1個創3個平車廂毀3只敲電力船毀1艘
五、馬車毀17輛消18輛馬車毀3輛卡車創1輛平車毀5
六、房屋一毀1座建築粜物毀39座創192座

備考

这份1944年12月制作的《美国第14航空队战果》档案中详细记录了美国第14航空队自1944年12月1日至10日作战次数及取得的战果。可见仅短短10天内，第14航空队即执行任务307次，作战范围涵盖黄河流域、华中华南以及怒江流域，给日军造成沉重打击

157

美国海军航空博物馆收藏的 1941 年 8 月 4 日由海军次长助理贝蒂上校（F. E. Beatty）发给夏威夷珍珠港美国海军航空站的电文原稿。其内容是声明海军部已批准协助中国政府招聘美军飞行人员的洲际公司代表前往该站，要求该站指挥官给予便利，允许代表与该站飞行人员面谈，看他们是否愿意应招到中国服役

August 4, 1941

MEMORANDUM FOR
    Captain James M. Shoemaker, USN; Commanding Officer,
    U. S. Naval Air Station, Pearl Harbor, Hawaii.

    1. This letter introduces Lt. C. B. Adair, who has
the permission of the Navy Department to visit your station.
He will explain the purpose of his visit.

    2. It has been the policy of our Government for some
time to facilitate the hiring by the Chinese Government of
pilots and mechanics from our Services. The above-mentioned
officer is a representative of the Intercontinent Company,
which company is doing the hiring for the Chinese Government.
The cooperation of the Commanding Officer is requested in
permitting this representative to interview pilots on your
Station, to see if they are interested in being hired by the
Intercontinent Company for service in China.

                            F. E. BEATTY
                            Captain, U.S.Navy
                            Aide to the Secretary
                            (By direction)

　　这是两份看起来很枯燥却十分重要的历史物证。分别是美国海军次长助理贝蒂上校发给珍珠港美国海军航空站和上呈海军次长的电报原稿。其内容是关于允许中国政府征召美军飞行人员到中国服务事宜——这项表面上由商业公司出面进行的招聘行动，实际上就是陈纳德上校筹建美国援华志愿航空队（AVG）的开始，这支部队就是后来闻名中外的"飞虎队"。早在抗战初期，身为中国航空委员会顾问的陈纳德就敏锐发现，中国缺少合适的作战飞机和熟练的飞行人员，于是利用私人关系在美国上层积极活动，最终使美国同意中国在美国军队中征募人员，让他们以私人身份组成志愿航空队来华参加对日作战，取得了辉煌的战果。

August 15, 1941

From: Aide to the Secretary of the Navy
To: Secretary of the Navy

SUBJECT: Release of Naval Personnel for Ultimate Employment
      by the Chinese Government.

References: (a) Statement concerning Central Aircraft
       Manufacturing Company, by Mr. Bruce Leighton,
       (Herewith).

      (b) Memorandum for the Secretary, by Naval Aide,
       dated 5 February 1941. (Herewith).

      (c) Secret memorandum, Bureau of Navigation,
       dated 15 August 1941.

      (d) Table of Personnel, CAMCO, dated 9 August 1941.
       (Herewith).

      (e) Pay Schedule Employees of CAMCO. (Herewith).

      (f) Copy of first letters introducing representatives
       of CAMCO. (Herewith).

      (g) Copy of recent letters introducing representatives
       of CAMCO. (Herewith).

1.   Reference (a) covers the basis for employment by
the Central Aircraft Manufacturing Company for ultimate use in
China - and a history giving the background.

2.   With the approval of the Secretary of the Navy, the
Naval Aide to the Secretary has assisted the representatives of the
Central Aircraft Manufacturing Company to obtain the acceptance
of resignations of certain volunteering Naval personnel, for the
purpose of accepting employment with CAMCO, the idea being to permit
this personnel to ultimately accept employment under the Chinese
Government for the purpose of operating a number of P-40 planes to
operate against the Japanese over China.   Reference (b) is the
originating memorandum.   This has been carried on in a secret
manner.

3.   Through the Bureau of Navigation, the release of
a number of Naval personnel, the number, as of 9 August, being
shown in Reference (d), has been obtained by the resignations of
the individuals concerned. Although no written promises have been

美国海军航空博物馆收藏的 1941 年 8 月 15 日由海军次长助理上呈海军部长的密件，内容是关于允许海军航空人员解职并受雇于中国政府之事宜。这份密件明确写明："经海军部长授权，海军部长助理将协助中央飞机制造厂（著者注：即中国杭州中央飞机制造厂）代表达成海军部对于某些海军志愿人员辞职申请的接受，并使其能最终受雇于中国政府，其目的是让这些人员能够在中国上空驾驶 P-40 战斗机抗击日本。"由此可见，当年中国中央飞机制造厂曾派代表前往美国招募陆海军航空人员

1941
重庆楼上的防空哨

　　1941年，在重庆。美国战地摄影师福尔曼在拍下了这张照片。一座被日军投下的炸弹炸毁的建筑物顶部，几个身着黑衣的防空哨位执守士兵正在检查武器。从他们衣领部位的阿拉伯数字编号来看，这几名防空哨负责人可能属于警察部队。左右两侧的两名士兵，各自手持一支毛瑟M1932式自动手枪，也就是抗战时期中国军民无人不知的"二十响镜面盒子炮"。这种手枪可以像冲锋枪一样全自动发射，火力密度惊人，配套的木制枪套可以安装在手枪握把后方作为肩托使用，提高射击稳定性。右侧那名警察手里拿着的就是这样一支安装了肩托的手枪。中间那名警察正在残墙上架设一挺机枪，从枪身上部的直弹夹以及枪管周身密布的散热片，不难判断这是一挺捷克造ZB-26轻机枪，也就是电视连续剧《亮剑》里李云龙团长口中的"捷克式"。ZB-26性能优异，射击精度好，动作可靠性相当不错，深得中国军民喜爱。美中不足的是弹夹容量只有20发，火力持续性略差。如果要长时间持续作战，需要频繁地更换弹夹。凭借手中的毛瑟自动手枪，以及没有配备专用高射枪架的捷克式机枪，以这样的武器实现有效对空射击是相当困难的，事实上日军在空袭重庆的行动中轰炸机的飞行高度，也往往超出轻机枪的有效射高。但在残破建筑上这些荷枪实弹的防空哨，却能给饱受日军空袭的重庆市民以不小的心理慰藉。至少中国百姓们能从他们的行动中感受到一个强烈的信号，那就是要抵抗，不要屈服。

1942 航空委员会如是说

这两张宣传海报是1942年航空委员会总政训处制作的抗战宣传品。第一张是旨在鼓舞民众抗日士气的海报，题目是《全国总动员》。海报用彩色绘画展现了中国抗日军队告别父老妻子，翻山越岭奔赴抗日战场，百姓们拿着各种慰问品欢送部队。在队列的前方，天上有战斗机，地上有重炮和坦克，这些精良的装备和充足的兵员，显然会让老百姓感到心安。事实上，中国抗日战争中极少有这种飞机、装甲和步兵密切协同的理想条件，中国严重缺乏坦克和飞机等高技术兵器，在与日本军队的对垒中常常处于装备劣势。这种局面是中国经济实力和国防工业实力严重落后的结果。这张海报标题下方还有几句宣传词，颇为给力：

奸杀焚掠敌猖狂，南北同胞苦遍尝；

中华儿女争先赴战场，四万万人力物力都加上。

飞机大炮我方多又强，中华儿女神勇更无双；

排山倒海冲锋摧敌阵，我们报国仇复家乡和东洋强盗算总账。

　　第二张海报更有意思，显然是防空袭宣传海报。题目叫《空袭不用怕　只要有防备》。海报两侧分别介绍了各种防止空袭损伤的方法：乡村简易防空壕、天然地形防空、城市地下室、避免（成为）敌机目标、避机枪破弹片、堆沙积水防烧夷弹、防敌机夜袭、避毒法、中毒急救法、（防）低飞敌机射击法。让人难以理解的是，中央的主图部分描绘的却是非常恐怖的日机轰炸图景，地面的中国百姓惊慌失措，死伤惨重。也许设计者如此设计的用意是为了让这一场景与周围的防护方法形成对比，达成教育和传播的目的。

1942 即将开赴中国的前卫

这张照片拍摄于美国伏尔梯（Vultee）飞机公司，时间是1942年。露天检测场上，几名工人正在为一架P-66"前卫"（Vanguard）战斗机的机翼机枪装填子弹。飞机机翼上的青天白日徽志表明这架飞机即将交付中国空军。

　　20世纪30年代末，伏尔梯公司提出一种构想，准备开发4种用途不同的飞机，它们使用相同的机翼、后机身和尾翼。4种飞机中，V-48是单座战斗机，BC-51是初级战斗机教练机，B-54是高级教练机，而BC-54D则是初级教练机。其中作为战斗机的V-48采用全金属半硬壳机身，配备可收放起落架，安装一台普惠R-1830气冷星形发动机。1939年9月V-48原型机首飞，不久即获得代号"前卫"。

　　1940年2月，瑞典政府正式向伏尔梯公司发出订单，订购144架V-48C"前卫"。1941年准备交付时，美国却禁止该机出口——密布的战云迫使美国政府将一切可用的航空装备留作自用。P-66被美国军方作为本土防御战斗机和训练装备使用。随着更为新锐的战斗机陆续投入使用，美国政府开始将P-66大量用于援助盟国。英国获得了100架P-66，测试中英军发现该机结构不够坚固，而且着陆时容易"打地转"，先后有多起事故皆因"打地转"引起。英军对其性能不满意，遂决定将其转交给中国（中国获得104架P-66，其中包括美军移交的部分）。

　　1942年末，中国接收了这批P-66并在印度组装。在试飞中和转场中国途中部分飞机损毁，后发现问题原因在于组装工艺不过关，遂停止组装。已经完成的部分P-66交付中国空军。1943年8月后，中国空军第3大队和第5大队曾使用P-66参加过对日作战。战争中，许多P-66因日军空袭在地面被毁，另有一些在空战中被美军误认为日本飞机被击落。"前卫"的最大速度虽然可达550公里，但其灵活性不及日军战机，只能以打了就跑的方式交战。1943年，P-66淡出中国空军，被更换成了更实用的P-40。

1942 昆明机场上的草鞋兵

这张照片拍摄于1942年的昆明机场，也是第二次世界大战时期中国战区最为著名的战地照之一。照片上，一名脚穿草鞋的年轻中国士兵肩扛"中正式"步枪，正为机场上停放的美军P-40机群担负警戒任务。虽然这批P-40机首下方滑油冷却器侧面仍然绘有巨大的鲨鱼嘴图案，但此时这支部队的正确番号应该是驻华美军陆军航空队第23战斗机大队。

　　1937年全面抗战爆发后，中国空军在作战中损耗严重。当时的中国空军虽有外籍飞行员与苏联志愿队协助，然仍难以抗衡日军的空中优势。由于制空权被日军夺取，地面部队经常在作战中遭受日军空中威胁，作战极为艰难。尤其当日本零式战斗机投入中国大陆战场后，中国空军在飞机性能及人员上更无法与日本抗衡。蒋介石在聘请美国退役军官陈纳德来华评估空军状况后，陈纳德建议创立一支结合中美空军人员及配属美式设备的空军，于是国民政府委托担任顾问的陈纳德将军赴美洽购飞机，并设法招募飞行员来华参战。经过陈纳德在美国积极活动斡旋，终于在美国购得100架战斗机，并招募到一批美国陆海军飞行员。随即在1941年8月成立"中国空军美国志愿援华航空队"（American Volunteer Group，简称AVG），陈纳德为指挥官兼大队长，依合约在华参战一年。这就是之后声名显赫的"飞虎队"。

　　"飞虎队"成立后，原驻防昆明协助滇缅地区的空中作战，后移防至湘桂地区。在相当艰苦的环境下，"飞虎队"英勇作战，击落击毁日军飞机296架，迟滞了日军攻势。1941年12月7日珍珠港事件后，美国对日宣战。1942年7月美国援华志愿航空队宣告解散，以此为基础重新组建了美军第23战斗机大队，后纳入第14航空队，陈纳德仍为司令官，习惯上中国百姓仍称之为"飞虎队"。"飞虎队"在短暂但荣耀的岁月里，队员以个人身份参战，不仅无军衔，亦无编制，甚至没有统一的军服。但在陈纳德将军领导下，这支临时组成的外籍飞行队，在与日军作战时连战皆捷。"飞虎队"以少数的人员、飞机面对数量众多的日机与船舰，凭借优异的技术，屡挫强敌，写下辉煌空战篇章。

1942
中国军民救援杜立特

1942年4月18日，作为对4个多月前日军偷袭珍珠港的报复行动，美军制定了大胆的突袭东京计划。美军派出"企业"和"大黄蜂"两艘航空母舰，搭载美军陆军航空队16架B-25"米切尔"轰炸机，在杜立特中校率领下，远涉重洋抵近日本本土。经过轻量化改装的B-25轰炸机群从航母上起飞，奔袭日本东京、横滨、名古屋、横须贺、大阪和神户，向16处军事和工业目标投下了炸弹。这是"二战"期间美军对日本本土的首次空袭（"二战"中日本本土首次遭受敌军空袭是中国空军的远程轰炸行动）。空袭之后，大部分B-25艰难飞抵中国沿海迫降（平均航程达4100多千米），得到中国军民的积极救助。这次空袭为抗战艰难中的中国军民带来了希望：中国百姓惊喜地发现，美国人的轰炸机竟然能够直捣日本首都。这次空袭也让日本决心集中力量发动中途岛战役，此役后来成为太平洋战争的转折点。

轰炸结束之后，16架轰炸机中的15架（另一架飞往苏联）沿着日本南部海岸向西南飞往中国东部，原本美机计划在浙江衢州机场降落。但由于夜幕降临，燃油消耗过快，加上天气恶化，最终大部美机在中国沿海地区迫降或弃机。着陆后的美军飞行员得到了中国军民无私的援助，大部被护送到安全地带，几经辗转返回美国，为此中国军民付出了巨大的牺牲，许多人在日军的报复行动中被杀害。这件飞机残片就是杜立特空袭行动中在中国江西宜黄上空被放弃的9号机B-25右发短舱蒙皮。

准备从航母上起飞空袭东京
的杜立特B-25轰炸机群

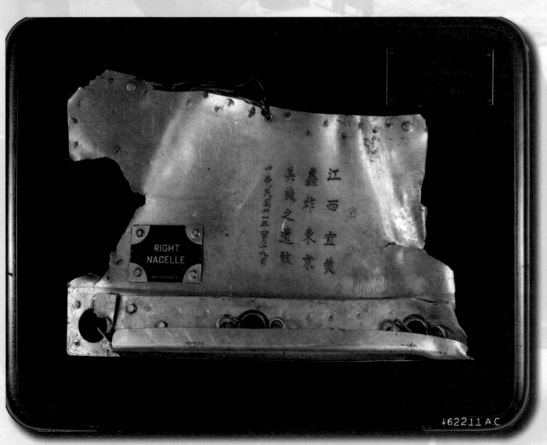

1942
中国在继续奋战

　　"二战"时期美国援助中国行动的宣传海报，这项行动的内容是为中国抗战军民筹措急需的食品、药品等物资。画面上用英文大字写着"中国在继续奋战"，正中是一位眼神坚毅的国军士兵，背景中则是一队涂有青天白日机徽的中国P-40战斗机。抗日战争前，中国经历了北洋时期和国民政府时期并不太平的20多年，国力贫弱，装备低劣，而完成了近代工业化的日本却"身强体壮"。抗战关键时刻，盟国援华的大量物资帮助中国人民度过了最为艰苦的岁月。

1943
大名府的航模课

　　这张照片童趣盎然。这张保存在匈牙利国家档案馆的老照片拍摄于1943年，地点是中国河北大名府。画面上留着络腮胡子的人是匈牙利耶稣会传教士利特万伊·格约佐（Litvanyi Gyozo），他身边的3个孩子在档案馆文件中没有提及，根据格约佐曾作为教会学校教师的记录，想来他们应该是当地教会学校的学生。显然这一堂课是航模课。从孩子们手中的模型不难判断，这是利用简易套材手工制作的橡筋动力模型，孩子们在经历了制作过程之后，手持自己的成果准备在院子里试飞他们的飞机。在抗战尚未结束的时代，中国的孩子们能够接触航空科技的机会并不多，即便有也多限于那些家境殷实者。照片中这几个孩子身着长衫，显然也不是贫民。西方传教士在中国开设的许多教会学校，在传播宗教思想的同时，客观上也把西方先进的教育思想和科技文化带到中国，对于中国近现代社会科学思想的开启有着不可忽视的作用。

（图片来源　匈牙利国家图书馆）

free Chi...
chow, now are in Jap hands.

About 500,000 of China's Chungking troops are required to immobilize a nearly equal number of their political enemies—Chinese Red partisans. Another 400,000 Chungking troops are reported isolated in Eastern China, cut off by the Jap drive.

Despite reports of growing Chinese political ... of local nature, Japa-

Japs Move Fast to Forestall Allied Offensive in China

1944
日本快速行动阻挡盟军中国攻势

　　这张1944年美国《洛杉矶时报》刊发的战争形势图对中国人而言应该相当熟悉，它表现的是日军集结大量在华兵力实施的豫湘桂作战。这次历时8个月的战役，从1944年4月一直进行到年底，日军以打通中国南北大陆交通线为总体目标，从中国河南、湖南和广西的辽阔范围内实施大规模攻击作战。中国军队在这场战役中连续退却——国民党正面战场的第二次大溃退，作战中中国军队损失50万人以上，丢失4个省会和146座城市，数十个空军基地和飞机场，沦陷国土20多万平方公里。战役中日军阵亡大约24000人，伤病者近80000人。尽管日军达成了作战企图，短暂地打通了交通线，却因损失了大量人员与物资，无力保障大陆交通线的畅通，也未能阻止美国远程轰炸机攻击日本本土。此外，由于日军分散了兵力，客观上为中国战区随后的反攻提供了条件。

　　从地图左上角的说明文字框中，我们仍能感受到当时日军攻击气焰之盛：在经历7年的战争之后，中国今天正面临着前所未有的困难局面，这一局面已经影响到盟军的远程轰炸战略。这张地图表明了日军正在扩展的军事态势以及由此带来的后果：日军沿着中国主要铁路线由北到南发动攻势，已经建立起可能从"满洲"经法属印支到新加坡的陆路交通线。陈纳德少将指挥的美国陆军第14航空队有超过12个军事基地陷于敌手。日军在华南变换方向，转为西进，兵锋直指陈纳德的指挥中心昆明，同时严重威胁对雷多公路和滇缅公路极为重要的贵阳。除了是美军航空兵在中国的指挥中心以及陆路补给线上的重镇，昆明和贵阳还是位于

中国·飞行·影像

飞行在"驼峰航线"上的美军格拉斯C-47运输机

成都的B-29战略轰炸机基地的前哨屏障。原本可能作为盟军登陆中国沿海发起地的最后两个良港——福州和温州，已经被日军攻占。蒋介石重庆政府大约有50万军队被用于围堵数量与此相当的中国共产党武装。另外据报还有大约40万军队因日军攻势被隔绝在华东地区。虽然中国国共两党之间的政治和解在得到强化，在局部战场也取得了一些胜利，但总体而言日本还是成功地影响了盟军可能对中国实施直接登陆作战的构想。

地图中许多重要地点标注了不少解释文字，这些文字同样反映出当时形势的紧迫：

"法属印支的日军正向西北推进，目标直指贵阳和昆明两个军事重镇。滇缅公路的终点在昆明。从昆明开始，来自盟国的重要军事援助物资途径贵阳运往重庆。随着日军向贵阳发起攻击，雷多公路和滇缅公路将部分被阻隔，其作用将受到制约。"

"日军向贵州省发起的攻势矛头直指贵阳——这里是美国陆军航空兵第14航空队基地，也是最为重要的陆路交通枢纽。"

"重要的京广铁路沿途多个城市被日军占领，铁路为日军掌控。中国新闻媒体呼吁盟军在中国东南海岸实施直接登陆，以分散日军强大的压力。如果要在中国沿海实施登陆，从香港到上海之间的海岸是理想的选择，但日本已经夺取了最后的两个良港——温州和福州，盟军的登陆行动将变得非常艰难。"

"如果把西安、贵阳和昆明三座城市连接成一条弧线，那么这条弧线对于中国战场具有十分重要的战略地位：如果日军推进并突破这条弧线，就意味着以成都为重要基地的B-29战略轰炸机对日本本土展开的战略轰炸行动将得不到安全保障，难以为继。"

"在日军从贵州都匀和湖北宜昌南北两个方向发动的钳形攻势压迫下，美国丢掉了十几个军事航空基地。中国军队经过苦战，仍丢失了不少军事重镇，但暂时缓解了昆明和贵阳的军事压力，迫使日军未能深入贵州境内。"

绘图者对于中国共产党武装在抗战中的作用做了一段意味深长的注解："中国共产党及其领导的军队，与蒋介石及其中央军存在根本性的不同，他们在华中和华北日本占领区占据重要的军事地位。随着蒋介石部队步步后退，日本将逐步控制中国主要铁路线路和内河航线。共产党游击队则不断穿过日本控制的交通线，从一个地区机动到另一个地区，渗透进入日本控制地域，建立起多个农民政权。然而，蒋介石重庆政府却动用了大约500000兵力来制衡总兵力与此相当的共产党游击队的活动，如果不是这样，这些游击队可能对日本军队产生更大的军事效果。有报道称中国国共两党之间的和解正在改善。"

1944
中国"野马"在北美

电视连续剧《北平无战事》让许多观众看惯了当年"国军"的青天白日徽飞机，不过那些是假的，咱们看个真的。这张照片应该拍摄于1944年或更晚，北美飞机公司总装厂房内，工人们正在总装P–51B"野马"战斗机。这些"野马"的机翼、机身已经涂装青天白日机徽，说明它们即将交付中国空军。1943年，首批早期型P–51B"野马"交付美国驻华航空兵，进驻中国昆明。此后中国空军也于1944年开始装备P–51B，至1945年大批P–51C/D/K陆续交付中国空军，此时日本已大厦将倾。P–51在中国的角色，也随日本覆亡由抗日明星变为内战先锋。"国军"许多"野马"后来沦为人民军队战利品，其中9架曾在新中国开国大典上飞越天安门。

（图片来源　美国国家档案馆）

1945年8月21日，今井武夫一行搭乘的百式运输机从汉口起飞前往芷江洽降。作为投降使团的标志，这架运输机按照中国战区统帅部要求，在机翼两侧挂上了红飘带以为区别

（张一鸣　绘）

1945
芷江天际的红飘带

此图记录了今井武夫的洽降座机降落湖南芷江的一瞬间，这是由当时的新闻记者拍摄的

日本洽降代表团乘坐的百式运输机停放在芷江机场

1945年8月21日，初秋的天空里，从百式运输机的舷窗向外望去，机翼尖端那两根长长的红飘带分外鲜明，在舱内的乘客——日本驻华派遣军总参谋长今井武夫少将看来，这血红的飘带那么让人不舒服。这红飘带标志着这架飞机上所有乘客的身份。他们不再是昔日帝国征战的武士，而是战败方派出的降使。其实，即便没有这红飘带，百式运输机两侧和后上方伴随的6架美制P-51"野马"战斗机也时刻提醒今井武夫，他所服务的帝国已被彻底击败，"皇军"剽掠千里的风光日子，一去不复返。这一天，是1945年8月21日。

在常德上空，芷江空军基地派出的中国空军第5大队4架"野马"与美国陆军航空队两架"野马"与今井座机会和，对日本降使专机执行监视和引航任务。作为识别标志，降使专机的机翼两侧翼尖各系一条长长的红飘带。这鲜红的飘带是中国十四年抗战的亮丽尾音。11时左右，从汉口机场起飞的今井武夫座机飞临芷江机场。飞机着陆的瞬间，今井从舷窗里清楚地看到宽阔的芷江机场周围分散隐蔽着上百架飞机。在机场上空还有多架战机在云底盘旋警戒。这强大的力量已远非日本所能抗衡，纵使没有美国的原子弹，"帝国"的崩溃也只是晚一点罢了。

1945

胜利门神

　　1945年春节，重庆城中山路美国使馆新闻处一带的街面，家家户户门上都贴着一套新门神画，上面画的不是"神荼""郁垒"二神，也非钟馗、秦琼、尉迟恭等人物，左边那张画的是中国士兵，手执匕首，正刺向脚踏的日本小鬼；右边那张画着美军飞行员，头戴航空帽，臂部佩戴着中缅印战区和驻华美军第8航空队标志，也脚踏日本小鬼指斥。有趣的是，在"恭贺新禧"的下面有一段注解，这样写着：旧时的门神已经疲倦地睡着了，日本鬼的恐怖侵入千百万中国人的家，旧门神已经挡不住他们了。这个新中国的战士，这个美国战斗机驾驶员，有地面上中国军队英勇的帮助，他的精神会保住你们全家老小的平安。可是他和美国的士兵还需要你们的援助。在他们受伤、失迷路途，或饥饿时，他们就需要你们的安慰和友情了。援助他们，他们是替你们打仗的！

　　由于这幅门神颇受中国民众欢迎，部分门神通过各种渠道流向沦陷区。所以画上还专门有一段特别提示——沦陷区的中国盟友注意：请不要把这张门神放在让人看见的地方。日本人看见了就会凶狠的对付你们。

　　这幅门神，是驻华美军专门为中国战区设计的宣传品。从心理战角度看，这件宣传品设计相当成功，它巧妙地利用了中国传统文化中"门神保平安"的习俗，把中国士兵和美军飞行员塑造成两个击败日军小鬼的门神形象，正迎合了中美联合反法西斯的大势，也暗合1945年初日军败局已定的时局。利用中国门神的亲和力，中国战区的百姓就会有更高的热情积极援助在中国战场奋勇抗日的中美军队。

1946 骡马·飞机·白山黑水

　　3月1日，对于中国人民解放军空军是一个值得纪念的日子。1946年3月1日，东北民主联军航空学校正式成立，朱瑞兼校长，吴溉之兼政治委员，常乾坤、白起任副校长，王弼、黄乃一、顾磊任副政治委员，林保毅（即日本教官林弥一郎）任校参议兼飞行主任教官。这便是人们口中的东北老航校。初创时期的东北老航校艰苦之状难以言表，人们在荒山密林中搜索日军丢弃和藏匿的航空器材，摸索着把它们拼凑成能用的装备，汽油不够就用酒精代替，没有充气设备就用打气筒给飞机轮胎打气，缺乏螺旋桨就几架飞机轮着用。1946年4月至1949年3月间，

国民党空军多次出动飞机轰炸航校机场，炮火中的老航校历经5次搬迁，先从辽阳本溪迁至通化，二迁牡丹江，三迁东安，四转牡丹江，五迁长春。就是在如此环境之中，到1949年7月，东北老航校先后培养了560名航空技术干部，其中飞行员126名，机务人员322名，领航员24名，其他保障人员88名。这些人员便是后来人民空军、航空工业和民航事业的最初骨干。这张近70年前的照片，拍摄于老航校迁移途中，没有汽车，人们便用骡马大车拉上日制99高练机，穿行白山黑水，成为一道历史的奇景。

1947 战利品零战

　　这张照片拍摄于1947年10月24日，是"二战"时期美军陆军航空队第8侦察大队照相技术中队的档案照。1947年，距离日本投降已过去两年，画面上这架涂有国民政府空军"青天白日"机徽的零式A6M2战斗机，显然是日本战败后移交给中国战区盟军的装备物资，是盟军的战利品。这些缴获物资，除了少量用于盟军的战场调查和测试工作外，大部分都被国民政府军队接收，纳入自己的装备序列。通过缴获的敌军装备来研究对手装备的技术性能，向来是战争中情报工作的重要手段。事实上，美军在整个"二战"期间都相当注意收集完好的日军作战飞机，几乎所有率先缴获的日军战机，都会被送回美国本土进行详尽的分析和测试，相关研究报告会以情报简报形式发放给所有美军和盟国飞行员，甚至会附带有据此制订的针对性空战战术，真正帮助盟军飞行员做到知己知彼。抗战胜利后，国民政府空军接收了相当一部分日军作战飞机，但是由于缺少备件，其实并不能真正作为主力装备发挥作用。当时国民政府空军作战飞机的主力，还是各种美制飞机——战争结束后美国有大量这类"战争剩余物资"需要处理。照片背景里，能看到一架涂着"鲨鱼嘴"的柯蒂斯P-40战斗机，应该是作为与零战对比测试的参照飞机使用的。拍下这张照片的1947年，解放战争已经打响，国民政府空军的作战飞机中，已经有相当部分换成了比P-40更先进的P-51"野马"系列。不过，尽管有着空中优势，但国民党政权由于人心尽失，其战场上的优势也很快变得暗淡。

《人民空军党缔造》雷洪连　李长文/绘

1949
人民空军党缔造

　　这是一幅意义深远的作品。画面上，毛主席、朱德、刘少奇、周恩来、任弼时、邓小平、林伯渠、董必武、贺龙、陈毅、陈云、彭德怀、林彪等中共领导同志聚坐在一间略显局促的平房内，听取两位来自东北老航校的干部的汇报。这一幕，发生在1949年3月8日中共七届二中全会期间，地点是河北省平山县西柏坡。做汇报的两位航空干部，则是常乾坤和王弼。汇报的内容，是东北老航校的建设情况，关于是否出动飞机参加渡江作战的意见，以及对建立统一领导航空事业组织机构的建议。毛主席与众多中共中央高层领导人同时到场，听取解放军一个军种建设情况的汇报，足见我党对航空力量建设之关注。人民空军的建设工作，起步于1924年，收获于"决策西柏坡"。汇报后仅9天的3月17日，党中央就做出了成立军委航空局的决定。19日，军委发电东北军区和第四野战军首长，指出根据常、王建议，军委决定成立航空局。3月30日，常乾坤被任命为军委航空局局长，王弼为政治委员。中国空军的建设序曲，至此进入高潮。

　　这幅作品创作于2009年。限于历史的原因，用绘画重现当年这一汇报场面已经变得极为困难：当年的亲历者大多已经不在，其时又无影像记录。画家为此亲赴西柏坡考察一个月，对可能作为汇报会址的数处建筑做了细致考证，大到人物姿态、建筑样式，小到桌椅板凳、灯具服饰，全都做过详细的推敲，成功实现了艺术的真实再现。在脚手架上紧张忙碌了两个多月后，雷洪连、李长文两位空军画家终于完成了这幅高3米、宽5米的油画作品。用画家自己的话说，这样的作品考验着他们艺术和耐力的极限，如此重量级的历史题材，如此众多的领导人形象，以及空军首长如此的重视，让他们只能用全部的心血去"浇铸"每一笔。所幸，大功告成。对这段沉甸甸的历史，他们无愧。

1949
人民空军装备大集合

这张珍贵的照片"集合"了新中国成立时人民空军的诸多飞行装备：最前方一列是美制P-51"野马"战斗机；第二列中能分辨出远处的一架P-47"雷电"战斗机和两架L-5"哨兵"联络机；第三列中左起依次为两架美制B-25"米切尔"轰炸机、英制DH.98"蚊"式轻型轰炸机和两架美制C-47"空中列车"运输机；最后一列则可以看到两架美制C-46"突击队员"运输机。这些飞机中的相当部分都参加过1949年的开国大典。耐人寻味的是，1949年的人民空军手中的飞机装备主要是美制、英制和日制（抗战胜利后的缴获装备），型号繁杂且缺少配件，维护保障极为困难。这就是人民空军在1949年的时光切片。就是凭借这样的装备，人民空军开始承担保卫年轻共和国神圣领空的历史使命。

1950s
场站里的初教5

　　20世纪50年代末，人民空军某航校场站里，维修人员正在检修两架初教5教练机。以今天的技术观点看，这是一种非常传统的教练机，采用的还是二战时期战斗机多用的后三点式起落架（也就是两个主起落架位于前方，一个小机轮位于机尾），然而这种飞机却是许多人民空军老飞行员的经典记忆。初教5教练机的参考原型，是苏联1946年设计制造的雅克–18教练机。1951年，中共中央决定航空工业争取在3到5年内，从修理起步，逐步过渡到仿制苏联教练机和歼击机。而这项工作的起点，便是从修理雅克18到制造初教5。

　　虽然今天看起来老的掉牙，但初教5却是新中国航空工业制造的第一种飞机。"飞机空中工作情况一切良好，段祥禄"，这是1954年7月25日试飞员段祥禄在完成初教5竣工典礼试飞后在飞机交接记录上写下的评价。早在22天前的7月3日，初教5已在厂内进行了首次试飞，整个试飞过程十分顺利。1954年8月1日，毛泽东主席为初教5试制成功签署嘉勉信，称赞"这在建立我国的飞机制造业和增强国防力量上都是一个良好的开端"。虽然只是一款活塞式初级教练机，初教5的试制成功却为中国航空工业树立了一座光辉的里程碑，标志着中国航空工业从修理阶段跨入制造阶段。虽然今天初教5已退出人民空军装备序列，但它在中国航空工业发展史上的地位，永不磨灭。

1950s

起飞，志愿军！

这张照片拍摄于抗美援朝战争时期，而且是一张真正的战地画面。两架中国人民志愿军空军米格–15战斗机正在滑向跑道，准备飞向战区。这些米格–15机身上并没有使用人民解放军的八一机徽，而是采用了朝鲜人民军的机徽，这是中国人民志愿军入朝作战时的做法。抗美援朝战争爆发时，中国第一个五年计划尚未实施。国民经济尚没有从战争创伤中恢复，中国尚不能自己生产汽车，战斗机就更无从谈起。志愿军装备的米格–15战斗机均系苏联提供，面对这种新锐的喷气式战斗机，年轻的中国飞行员经过短期改装飞行训练即投入作战，面对拥有众多空战老手

的美国空军，创造了不俗的战绩。究其原因，志愿军飞行员虽然空战经验不足，但他们大多出身陆军，经历过抗日战争和解放战争的严酷考验，是勇敢顽强的解放军战士，在作战意志上不输任何对手。他们虽然对米格－15不够熟悉，但他们不畏牺牲，敢于挑战强敌，从战争中学习战争，并不断总结和交流空战经验。毛主席提出的轮战策略也极好地促进了这种作战经验的积累和成熟。美国空军在朝鲜的天空中，突然遇到了志愿军空军这样强劲的对手，美国空军参谋长范登堡不无感慨地说："中国几乎在一夜之间就变成了世界上主要空军强国之一。"

1950s
夜色暗　马灯亮

　　夜色里，人民空军的某处机场，两名地勤人员点亮一大堆马灯。他们并不是在准备什么温馨的夜间庆典，而是在为夜航训练提供保障。两人身着的55式军服和军衔，背后是一排苏式伊留申伊尔–28双发轰炸机，考虑到55式军衔在1965年取消，而伊尔–28的国产型轰5于1966年首飞，所以这张照片中的轰炸机应是人民空军从苏联引进的原装伊尔–28。照片的具体拍摄时间，应是1955年到1965年之间，最可能的拍摄时间是20世纪50年代末。人民空军最初建设的许多机场并不具备全面的全天候保障能力，随着作战任务对全天候行动能力的要求日益提高，空军积极开展全天候特别是夜航能力建设。为了保障夜间起降作业，地勤人员因地制宜，在机场固有灯光设施不足的环境里，创造性地使用大量马灯置于滑行道和跑道附近作为灯光标志，有效地解决了夜航训练标志信号问题。在人民空军的发展历程中，有条件要完成任务，没有条件创造条件也要完成任务。祖国的安全需求，永远是第一位。被动地等靠要，永远比不上发挥人的创造力来得更为有效。

（照片来源　解放军报社）

1950s
一切为了抗美援朝

　　1950年抗美援朝战争爆发。年轻的中国人民解放军空军以志愿军名义入朝参战。当时的人民空军使用苏联制造的米格-15战斗机，与美国为首的"联合国军"展开了人类历史上首次喷气式战斗机之间的大规模空战。参战的许多人民空军飞行员仅有十几个小时的喷气式战斗

机飞行经验，却用于迎战世界上实力最强的美国空军，并取得了不俗的战绩，有力地支援了志愿军地面部队的战役行动，谱写了可歌可泣的英勇诗篇。副油箱是米格–15重要保障装备，战斗机从后方基地出动时，会首先使用副油箱提供油料，待到进入交战空域，与敌方接触空战前会抛掉副油箱，减轻战斗机重量，以便在空战中充分发挥机动性。这样一来，副油箱就成了一项需要不断补充的"易耗品"。而当时中国尚未引进米格–15制造技术，该机副油箱制作所需的图纸和生产工艺均为空白。为了确保抗美援朝前线的作战需求，沈阳飞机制造厂自力更生，组织技术力量，集中攻关米格–15副油箱制造技术，先后摸索尝试过桐油纸材料、铁皮和铝皮制作油箱外壳，克服诸多困难，最终成功攻克了副油箱制造工艺。此后沈阳飞机制造厂广泛动员社会力量，吸纳大量青年工人加入生产，先后为志愿军空军提供了12000多具副油箱，完满保障了前方作战需求，为抗美援朝空中战场的胜利作出了突出贡献。这张照片，记录的就是沈阳飞机制造厂生产车间内青年工人们热火朝天地制造米格–15副油箱的珍贵画面。

（图片来源　沈飞航空博览园）

199

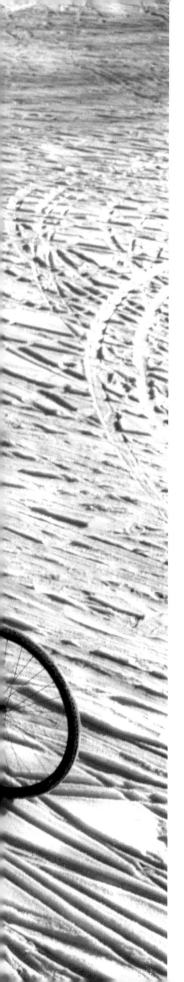

1950s
自行车射击模拟器

　　两个飞行员，一部三轮自行车，一部电动三轮车。前面的三轮自行车后部安装了一架歼5战斗机的大比例模型，由一名飞行员蹬车带动前进，后面的电动三轮车上坐着另一名飞行员，在他的面前装着射击瞄准具。他一面用双脚控制电动三轮车的前进和转向动作，一面通过这部瞄准具观察前方视野中作为射击目标的飞机模型，借此来掌握空中格斗时的瞄准和射击技巧。这是20世纪50年代末60年代初人民空军飞行员地面模拟射击训练方式的真实写照。皑皑白雪上，重重叠叠的车辙，说明这两位飞行员训练行动已经持续了很长时间。在那个经济尚属困难的时代，空军飞行员们必须谨慎高效地使用每一个真实的飞行小时，更多的训练会通过各种自制的训练器材在地面完成。为了保卫祖国的神圣领空，人民空军飞行员们以高昂的斗志和饱满的热情，克服了难以想象的困难，创造性地解决各种训练问题，熟练掌握了战斗本领。这种为祖国和人民训练和战斗的精神，直到今天，仍然是人民空军最可宝贵的财富。

（照片来源　解放军报社）

1951
里-2在喀什

这张照片拍摄于1951年，拍摄地点是新疆喀什机场。照片的原始标题是《喀什机场的第一批飞机》，并注明"新疆生产建设兵团文化中心提供"。当年的摄影师为我们留下了3架飞机的珍贵影像。这是3架苏制里-2型运输机，机鼻有齿轮、五星红旗和双翼构成的"中国民航"标志，远处一架飞机机翼下方可见"民用航空"四字。

里-2是一款苏联制活塞式双发飞机。它是苏联利用购买的美国道格拉斯DC-3飞机许可制造权生产的，1941年开始量产，采用总工程师里苏诺夫的姓名第一个音节命名为里-2。里-2在20世纪40年代和50年代初期是苏联使用量最大的客货运输及伞兵用飞机。各型共生产了4863架，1945年停产。

里-2在新中国航空史上同样有着重要意义。中国从苏联进口的首批活塞式运输机就是里-2，曾用代号"14号机"。里-2输入中国后，解放军换装中国制的活塞5甲型发动机以及J8-G3螺旋桨。1949年10月至1950年2月间，苏联空运部队41架里-2和民航大队6架里-2来到中国，协助空运部队进入新疆。1950年3月成立的中苏民航股份公司全部使用里-2飞机。同年，中国民航从苏联订购的里-2到货并加入航班飞行。照片中的这批应该就是抵达喀什机场的首批飞机，这张旧照见证了中国民航的青葱岁月。

（图片来源　中国国家图书馆）

1952
流星告急

    1951年8月18日，美远东空军决定在朝鲜战场实施"绞杀战"。美军"绞杀战"的主要对手是志愿军防空军，属于志愿军总部和中朝人民空军联合司令部（空联司）指挥。在反制"绞杀战"中，志愿军防空军总结出一套行之有效的方法，取得了显著成果。美军感到自己是"在与幽灵作战"——白天明明已经摧毁了铁路上所有的运动目标，但只过了一个晚上，它们又全都出来了！根据美军统计，"绞杀战"总计执行了87552次空中遮断与攻击行动，击毁了276辆机车、3820辆车厢，炸毁铁路19000处。此外美军还击毁了34211辆其他各种车辆。然而就在如此"绞杀"下，志愿军却创造了战场奇迹。即使按照美国人的总结，"到1951年12月，中国军队通常可以在不到6小时内修好炸断的铁路，一到两天内恢复被炸毁的桥梁，其他炸弹毁伤恢复得更快。到1952年5月，中国军队的补给能力不仅没有被摧毁，事实上还大大提升，为一线部队提供了有力支援"。随着时间的推移，中国军队的补给线变得越来越"杀气重重"——中国军队沿铁路线摆开了近千门各种火炮和高射武器，成为美国低空攻击飞机的畏途。"绞杀战"的原始企图再度落空，沦为一场旷日持久的消耗。

    这是一张味道十足的照片。1952年5月8日，美国空5军一架F-80C"流星"战斗机正在平壤东南56千米处投下凝固汽油弹，攻击中朝军队一处补给设施。这样的低空投弹使飞机暴露在地面防空火力的严重威胁之下。这张照片上就清楚记录下一枚从左下方射向F-80C的高炮曳光弹。

'MIG ALLEY' 200 MILES

1952 米格走廊 200英里

　　这是一张朝鲜战争时期的著名照片，虽然是美国空军当年拍摄的官方宣传照，却生动反映了中朝空军通过艰苦无畏的战斗所取得的辉煌成就。这张照片拍摄的是韩国金浦空军基地（Kimpo）从待命区通往飞行区的大门，大门采用日式鸟居风格，门额上写着"距离米格走廊200英里"（Mig Alley 200Miles）。美军在基地门楣上如此书写，主要目的自然是激励官兵士气，同时也提醒他们一旦从这里起飞，飞出200英里就将面对来自"米格走廊"的那些年轻却并不软弱的对手。这就是美军的宣传逻辑，他们很少为官兵塑造敌军软弱愚蠢无能的形象，他们更愿意让官兵相信，战胜强悍的对手，才能证明自己的强大。

　　"米格走廊"是朝鲜战争时期"联合国军"飞行员对朝鲜西北部地区空域的称呼，鸭绿江在这里注入黄海。战争中，中朝空军（以及秘密入朝作战的苏联空军）在这一空域与美国为首的联合国军航空兵展开了许多空战行动。双方驾驶的苏制米格–15战斗机和美制F–86"佩刀"战斗机拉开了人类历史上喷气式战机之间最早的大规模厮杀大幕。正因中朝空军不畏强敌的行动，使得美军始终未能夺取朝鲜西北部地区完全的空中优势，为中朝地面部队的行动赢得了机会，有力地配合了地面作战的实施。而整个朝鲜战争中，美国空军遭受的大部分损失，都是在这一地区。这也正是"米格走廊"得名的原因。

1952
人民空军的
"超级空中堡垒"

　　这张照片拍摄于1952年，画面上一架巨大的四发动机轰炸机正缓慢滑行。机身上醒目的"八一"军徽说明这架"大家伙"属于人民空军的装备序列。外形上，这架飞机颇似美国波音公司出品的B–29"超级空中堡垒"重型轰炸机（1945年在日本广岛、长崎种下可怕蘑菇云的便是这种飞机），但事实上美军从未将B–29交付给中国——即使在抗战中也未装备给国民党空军。这架酷似"超级空中堡垒"的飞机是苏联图波列夫设计局设计的图–4重型轰炸机，说起它的研制经历，还有一番曲折的往事。1944年7—11月间，3架轰炸日本本土的美国B–29迫降在苏联远东地区。急需大型远程轰炸机的苏联立即决定仿制，并指定图波列夫设计局负责。一架B–29被仔细拆解用作研究分析，提供测绘数据，另外两架作为训练用途。1947年5月19日，测绘仿制的图–4首飞成功，这也是图波列夫设计局研制的最后一款活塞式飞机。1948年夏季，图–4投入批量生产。20世纪50年代初，中国从苏联引进了12架图–4，其中10架被编为空军独立第4团，这是当时人民空军唯一的战略力量。图–4在人民空军中装备数量虽然不多，但经历颇丰：它们参加过1954年国庆阅兵、1954年试航拉萨、1956—1961年西藏平叛等重大任务。1971年，图–4还加装了一部843型测高雷达，改装为"空警1号"预警机，这是人民空军首次研制空中预警机，虽然这项研制工作未能圆满成功，却开启了人民空军空中预警指挥技术发展的大门。

（照耀　吴自宽/摄）

1952
三八节开飞

1952年"三八"开飞典礼
上的新中国首批女飞行员

整装待发的女飞行
机组成员驾驶的
里-2运输机

新中国第一批女飞行员的起飞典礼，被特地安排在1952年3月8日"国际劳动妇女节"。这一天，首都各界妇女隆重集会，为这些标志着新中国女性全新形象的女飞行员们庆祝开飞。当天下午1时，参加飞行表演的6个女空勤机组启动了6架苏制里-2运输机的发动机，驾驶它们轻盈滑跑升空，从西郊机场飞入湛蓝的天空。当这些飞机通过天安门广场上空时，聚集在那里的首都群众报以热烈的欢呼。地面上的每一个人都知道，此刻坐在天上飞机座舱里的飞行员，是过去千百年来从来没有获得真正平等地位的女性，这是破天荒的大事情。

新中国第一批女飞行员，是在1951年初按照中央军委指示，由空军从华东军政大学和航空预科总队特别选调的55名女学员，她们于当年4月进入牡丹江第7航校学习，入校后根据机组配套需要，确定了14名飞行学员、6名领航学员、5名空中通信学员和30名空中机械学员。在航校那些缴获的战利品美制PT-19和日制双发99高级教练机上，这些女学员们完成了学业，在1951年11月毕业，随后被分配到空军运输航空兵部队服役。

党中央和毛主席非常关心女飞行员的学习和工作情况。就在这次开飞典礼16天后，毛泽东、刘少奇和周恩来等中央领导同志在中南海接见了参加"三八"飞行表演的女飞行员们。毛主席当时问空军司令员刘亚楼："她们都成器了？"刘亚楼答："都成器了，能够独立执行任务。"

1953
美国地图里的朝鲜战争

1953年美国出版了这张纪念朝鲜战争的形势示意图。这张图用时间顺序索引方式罗列了朝鲜战争自爆发以来发生的重大事件。更为突出的是，地图上还标出了中苏空军在鸭绿江和清川江一带英勇作战形成的令敌人生畏的"米格走廊"。这一区域以安东、清川江口、水丰（Suiho）水库和清川江为界，在这块看似不大的空间里，美国始终没能攫取制空权，依靠战略轰炸机夺取整个战区决定性优势的构想始终无法达成。志愿军空军的英勇作战，彻底粉碎了美国夺取全作战地域压倒性空中优势的企图，使得美军无法顺利实施地面大规模机动攻势行动。年轻的志愿军空军，一仗打出了国威军威。毛泽东主席看过空四师1951年9月25日空战报告后，亲笔批阅："刘亚楼同志，此件已阅。空四师奋勇作战，甚好甚慰，你们予以鼓励是正确的。对壮烈牺牲者的家属应予以安慰。"

这张地图上还罗列了许多抗美援朝战争中的重要事件，从当年志愿军对手自己罗列的部分事件中，我们能感受出那场战争的激烈，以及志愿军战士所面对的艰险环境：

1950年10月9日，美军在开城（Kaesong）附近越过三八线北进；1950年10月19日，美第8集团军攻克北朝鲜首都平壤；1950年10月20日，美军第187空降团实施空降作战；1950年11月20日，美国步兵第7师一部抵达鸭绿江沿岸的惠山镇。

1950年11月26日，中国军队向第8集团军发动反击，"联合国军"开始总退却。1950年11月28日到12月11日，美国海军陆战第1师和步兵第7师经历苦战，方才冲出了长津湖（Choshin）包围圈。

1950年12月25日，中国军队越过三八线向南推进……

这场实力并不对等的较量，是年轻的中华人民共和国树立国威和军威的开始。

1953
苏联火箭美国车

　　我们得感谢那些敬业的新闻摄影记者，他们手中的相机留下了珍贵的历史瞬间。这张照片拍摄于1953年国庆阅兵式，画面上中国人民解放军自行火箭炮队列正徐徐驶过天安门。这些火箭炮对于喜爱军事的朋友绝不陌生，在苏联卫国战争期间，红军战士们亲切地称其为"喀秋莎"。它的正式名称是BM-13N，装备8条发射轨，可携带16枚132毫米M-13火箭弹。有趣的是，这些BM-13N配用的火箭和发射机构均为苏联货，而卡车底盘则产自美国："二战"中美国通过租借法案向苏联提供了大量卡车，这些就是美国司蒂贝克公司出品的US6型10轮大卡。战后这些"喀秋莎"又辗转来到中国，成为我军重要火力压制兵器。就在这张照片拍摄前2个多月的1953年7月27日，《朝鲜停战协定》刚刚签署，那次战争中"喀秋莎"曾为志愿军立下汗马功劳，不知这些庆典中的"喀秋莎"，可曾沐尽征尘？

（蒋齐生/摄）

降落拉萨当雄机场的人民空军伊尔-12型运输机，周围围满了前来观看"天菩萨"的藏族同胞

飞向拉萨途中，机组人员在精心检查航路

1956
飞向日光之城

　　20世纪50年代，青藏高原由于海拔极高，陆路交通相当艰难（在今天青藏铁路竣工后已完全改观），航空虽然是一种快捷的交通方式，但是当时西藏尚无成熟航路，飞机要进藏必须穿越崇山峻岭，那时的飞机升限有限，挑战那些五六千米的高山并不轻松。而且，在高原机场降落和起飞对飞机又是一项不小的考验。然而，无论如何，西藏作为祖国的一部分，不能没有航路。1956年3月，人民空军独立4团接受了试航拉萨的任务。周密准备之后，独立4团于4月3日派出图–4轰炸机，从陕西武功起飞，飞越岷山、巴彦喀拉山和唐古拉山，对航线进行了测量和校正，成功飞抵拉萨，完成了航路勘查准备工作。4月22日西藏自治区筹委会成立大会召开之际，空13师派出3架伊尔–12飞机飞到拉萨会场上空投放传单。5月26日，空13师3架伊尔–12从玉树起飞，向拉萨当雄机场飞去。

欢迎仪式上手持鲜
花热情洋溢的藏族
同胞

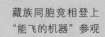

　　3小时后，3架飞机陆续降落成功（其中领队机率先完成了再次起飞测试），起降均获成功，标志着试航任务的圆满完成。3天后，国防部通令嘉奖参加北京—拉萨试航的有关空地勤人员，这一航空史上破天荒的奇迹振奋了国人，也震动了世界。让我们记住这一幕被快门留住的时刻：1956年5月26日。当雄浑屹立的布达拉宫出现在机翼下方，当高原旭日把伊尔–12的影子抛向远方，当无数藏胞走出家门仰望这神话一般的飞翔机械，西藏和北京，两个古老而深沉的城市，被横跨高原的凌空纽带连在一起。由此上溯1300年，大唐文成公主远行入藏，汉藏交通之门由此开启。然山高路险，入藏之路从来就是艰险的同义词，即便到了近代，巍巍青藏高原也堪称航空之畏途。作为堂堂大国，其奋飞之翼若止步于本国屋脊之前，无疑是莫大遗憾。进军西藏，试航拉萨，让天路越过高原，不仅是解放事业的一部分，更是汉藏友谊的见证。蓝天如洗，芳草如碧，60多年前从天边响彻高原的隆隆引擎声，和着当年大唐公主的悠悠銮铃，亘古不息。

　　　　　　　　　（本组照片由孟昭瑞先生拍摄）

中國民用航空局
航线班期时刻图
(1957年4月1日实行)

C A A C

УГВФ КНР
РАСПИСАНИЕ · ТАРИФЫ
НА ПЕРИОД
С 1 АПРЕЛЯ 1957г.

SCHEDULES · TARIFF
EFFECTIVE FROM APRIL 1, 1957

The information contained in this timetable is subject to change without notice.

1957 中国民航线路图

1957年中国民用航空局印制的《航线班期时刻图》。封面上印有苏制伊尔—14活塞螺旋桨民用客机，标题下注有"1957年4月1日起实行"字样。原品为纸质印刷折页，高38.5厘米，宽52.5厘米，折叠后高19厘米，宽10.5厘米。正面印有图形表示的中国民航运营线路航班图，图上以中文、俄文和英文三种文字标注。图中标注有主要城市、航班号、航线距离、北京标准时和目的地当地时间及日历。反面印有航班时刻表、航线线路及频次。这张图带有典型的20世纪50年代航线图标注风格，其绘制风格与绘图大师贝克（Beck）为伦敦地铁绘制的线路图非常相近。图上体现的信息相当丰富，甚至明确标出了各条航线执飞的客机型号。从图中可以看出，国内个城市间主要航线，以及向南到曼德勒、仰光和河内等国际线路主要由苏制伊尔—14和里—2活塞螺旋桨客机担纲运营，而从北京经伊尔库茨克、鄂木斯克到莫斯科的远程航线则由当时苏联最为先进的图—104喷气式客机承担。

一图现沧桑。那时要从北京坐飞机去拉萨不能直飞，您得先从北京飞包头，从包头飞西宁，西宁到玉树，玉树再到拉萨。而且还不是每段航线每天都有航班。再比较一下今天，到拉萨直飞和高铁都相当方便！更为难得的是，背面的航线图清楚标注了当年各条航线的航班价格，比如那时作飞机从北京到莫斯科的票价要831元人民币，考虑到当时人民币的购买力，这笔钱绝对不是普通百姓能够承担的。不过话说回来，那时候乘坐民航飞机的，主要还是各级行政干部和军人。而且，没有单位介绍信，有钱也买不到机票呢。

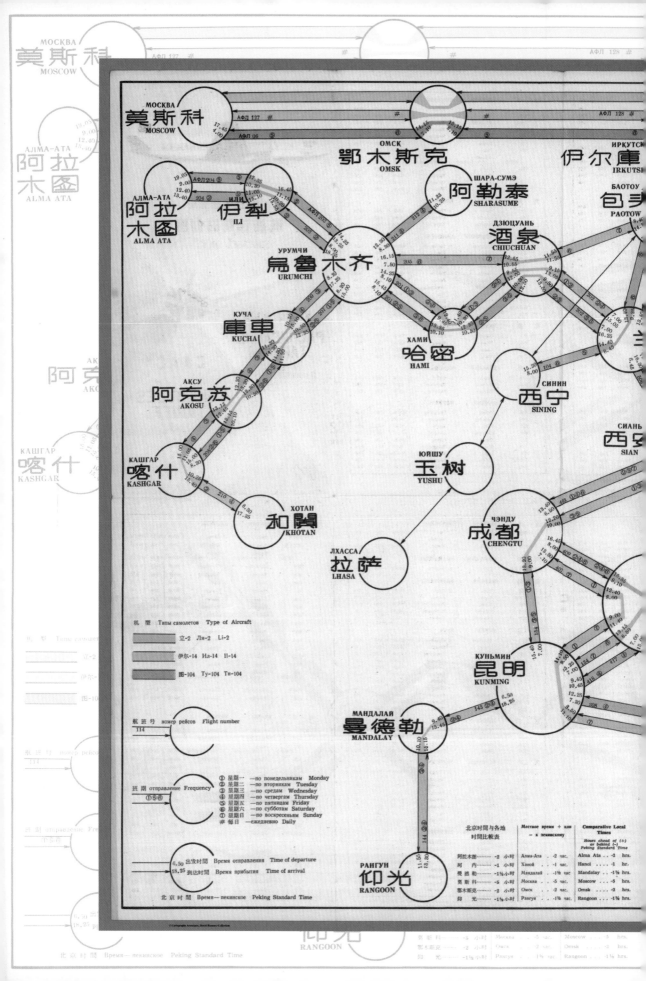

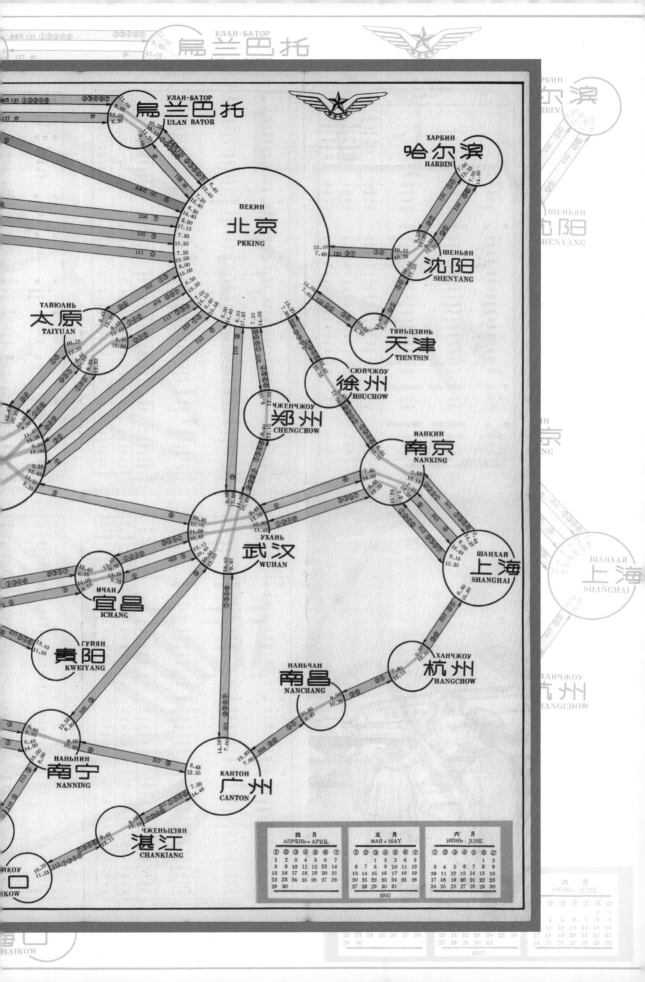

1958

为"北京一号"而奋战

　　这组照片拍摄于1958年8—9月间，地点是北京航空学院（现在的北京航空航天大学）。照片所表现的厂房里，一架轻型民用客机正在进行总装，而进行总装工作的人，是北京航空学院师生组成的科研生产大军。这架飞机，是新中国制造的第一架轻型旅客机，在中国航空史上，它被称为"北京一号"。

　　1957年，为了为北航学生提供一个工程技术实践的机会，北航决定研制一种轻型旅客机，此举得到了周恩来总理的支持，在北京市市长彭真的建议下，这架飞机被命名为"北京一号"。1958年2月，经周总

理批准，"北京一号"开始试制。当时北航建校才5年，缺乏样机、设计资料和专用设备，大家只能"现学现卖"。1958年7月12日，"北京一号"最后一张图纸画完，此后经过几十次的风洞试验，才得出了优化的飞机外形，确定了总体设计方案。"北京一号"采用经典的常规布局方案，采用2台苏制AI-14P活塞发动机，下单翼，乘员2人，载客8人，为了加快进度，北航师生们只能一边学习，一边试制，加班加点，全力赶工。最终，参加试制的1000余名北航师生，仅用不到100天就完成了制造工作，创下了一项不小的"奇迹"。

1958年9月24日清晨，在北京东郊的首都机场，"北京一号"首次飞行成功。时任空军司令员刘亚楼在试飞典礼上表示，"北京一号"能在100天内试制成功，不仅是新中国的创举，而且打破了世界航空发展史的先例。1958年10月，潘国定和王来泉驾驶"北京一号"，历时5天，途径济南、徐州、南京，往返2500公里，圆满完成北京至上海航线的试飞任务。如今，这架银色双发螺旋桨飞机陈列在北航航空航天博物馆，机身上印记斑驳的红色汉字和五角星，见证了60年前那段激情燃烧的岁月。

（图片来源　北航校史馆）

全机静力试验中的
"北京一号"

北京航空航天大学博物馆内保存的"北京一号",摄于20世纪90年代初

总装完成的"北京一号"

1958
"东风" 107A
图纸原档

这两张图纸非常珍贵，虽然图纸上的飞机没能变成真正的产品，但它们反映出20世纪50年代末中国对于高空高速主战装备的迫切需求。1958年3月，空军司令员刘亚楼提出，很需要一种比较先进的喷气强击机。1958年8月，空军将设计指标调整为马赫数2，升限2万米，定名为"东风"107。"东风"107参照美国F-8U"十字军战士"舰载战斗机布局，机翼攻角可变，改为两侧进气，发动机采用410厂设计室设计的"红旗"2号发动机。1958

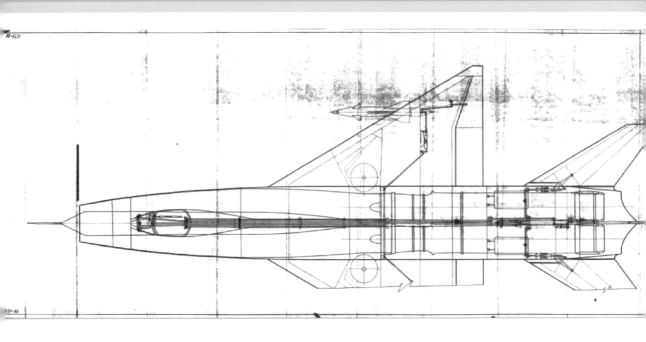

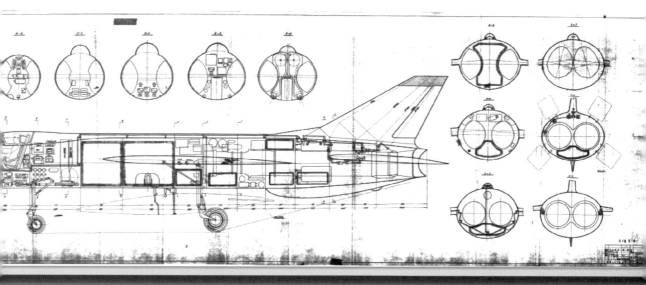

年12月，112厂设计室基本完成"东风"107图纸设计。经过向苏联方面咨询，苏方认为"东风"107飞机采用上单翼活动机翼的布局及发动机的选择不尽合理，将达不到马赫数2，还可能出现不稳定现象，建议按米格-21进行修改。1959年5月，沈阳112厂设计出改进的"东风"107A，就是这两张图纸上展示的飞机。根据苏联中央空气流体动力学研究院建议，"东风"107A以米格-21为基础进行修改，采用了三角翼带尾翼总体布局双发方案。苏联米高扬设计局的米格-21及其后几种改型，苏霍伊设计局的苏-9、苏-11、苏-15等几种型号，都采用这种总体布局，是世界上这一代歼击机中最优秀的设计方案。1959年11月，国防科委提出加速"东风"113研制，争取向党的40周年（1961年7月1日）献礼。1959年12月1日，航空工业主管部门第一机械工业部为避免"东风"107和"东风"113两型飞机并行研制引发矛盾，决定停止研制"东风"107。

"东风"107虽然没能进入试制，但其设计工作锻炼了年轻的中国飞机设计师队伍，而且为日后中国歼击机歼8、歼9的发展，埋下了有力伏笔。今天再看"东风"107A，第一印象就是与歼8何其相似！正是"东风"107A型号研制的积累，奠定了歼8型号研制的基础。歼9当时也曾提出过三角机翼带尾翼的常规布局方案，追根溯源还是米格-21的放大，而"东风"107A则是中间的"二传手"。

（供图　魏钢）

1958
国庆阅兵式上的中国高射炮

1958年10月1日中华人民共和国成立9周年阅兵式上的解放军高炮部队方阵。列队整齐的苏制吉斯151卡车，牵引着同样苏制的M1939式85毫米高射炮通过天安门广场。卡车上的士兵身着55式军服，佩戴苏式船形帽。这是人民军队装备发展历程中苏系时代的真切反映。

（于天为/摄）

1958 狠揍空中强盗

1958年10月解放军画报社出版、新华书店发行的防空宣传画，题目是《狠揍空中强盗》，当时售价1角6分。从这位战士佩戴的55式军衔领章上的一道黄杠、两颗五角星以及交叉的火炮标志可以看出，他是一名炮兵中士。远景中的高射炮，是一门苏制M1939型85毫米高炮。著名的T-34/85坦克的主炮，也是由此发展而来。中国后来仿制该炮，定名为72式85毫米高炮。近景中的硕大炮口驻退器的独特造型说明这是一门苏制100毫米KS-19高炮，后来中国仿制品称作59式100毫米高炮。士兵头上的钢盔，既非国产也非苏制，而是抗战胜利后从日军缴获的日制90式钢盔。由于缴获数量巨大，解放军曾长期使用90式钢盔，直到对越自卫反击战时仍有使用

狠揍空中强盗

1958 祖国领空不容侵犯

祖国领空不容侵犯

1958年10月解放军画报社编辑制作、新华书店发行的中国空军宣传画，当年的售价仅为一角六分。画面上一名中国空军飞行员已经穿好飞行装具，随时准备出征迎敌。此时距离中国人民解放军夺取朝鲜战争的胜利已经过去5年，中国空军建设在苏联大规模援助下取得了显著成果。画面中的飞行员身后停放着一架轰5喷气式轰炸机，天空中一队歼5战斗机正在翱翔

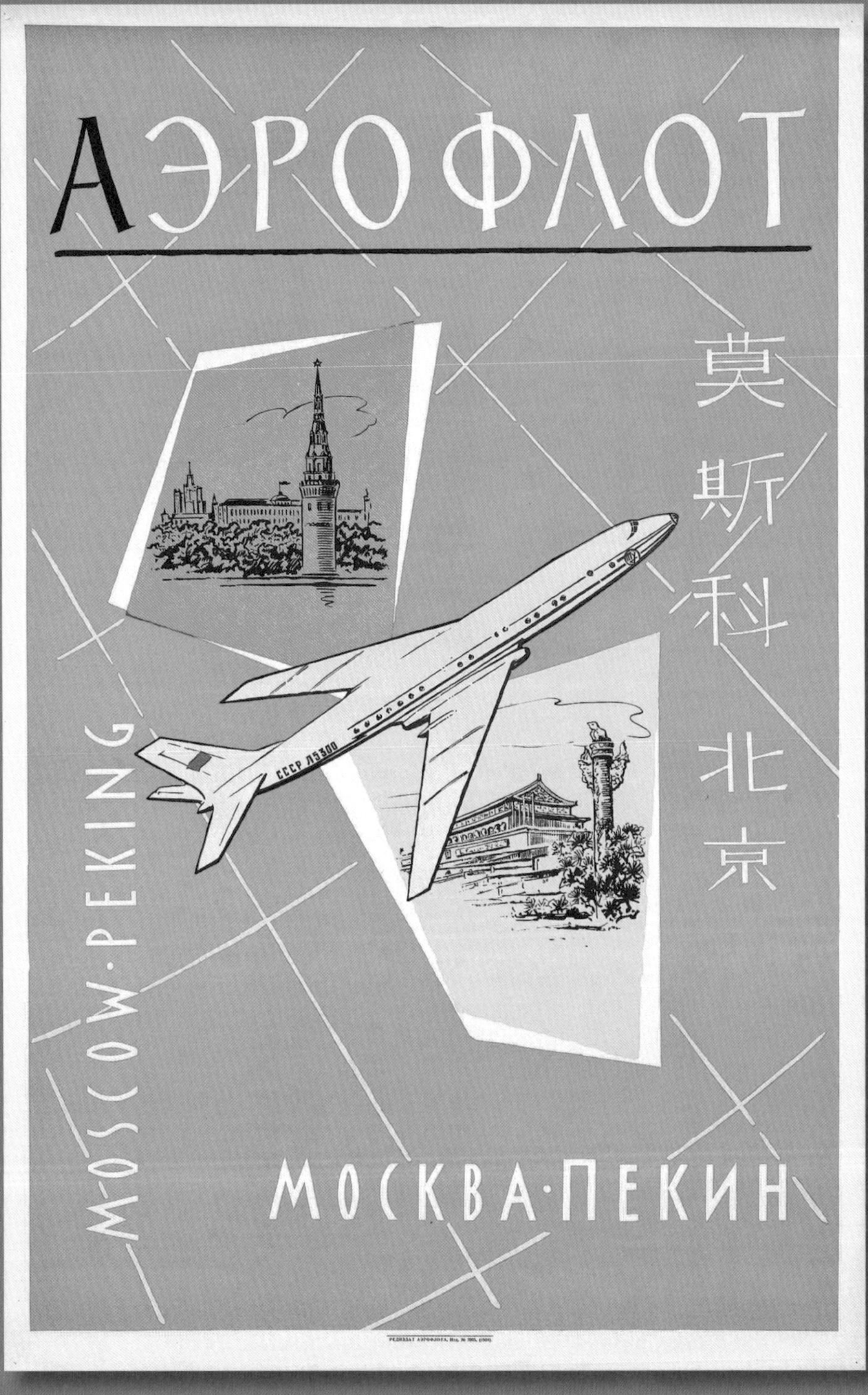
АЭРОФЛОТ
莫斯科北京
MOSCOW·PEKING
МОСКВА·ПЕКИН

1959
从莫斯科到北京

1959年苏联民航（Aeroflot）莫斯科—北京航线宣传海报。海报高89厘米，宽58厘米，2018年拍卖成交价625英镑。海报背景为地球局部，左方绘有莫斯科地标建筑克里姆林宫，右下方则是北京地标天安门，中间是一架当时象征社会主义航空工业先进性的喷气式客机——苏联图波列夫图－104。海报左侧、下侧和右侧分别用英文、俄文和中文标注有"莫斯科—北京"。事实上由于航程所限，图－104并不具备从莫斯科到北京直飞的能力，其间需要经停。但无论如何，喷气式飞机的出现极大地缩短了远程飞行所需的时间，是人类航空运输史上的一次革命。

20世纪50年代初，伴随着"喷气推进是商用航空的未来"的憧憬，苏联民航也提出装备更先进的民用客机。苏联政府要求图波列夫设计局利用图－16喷气式轰炸机为平台，发展一款先进的喷气式客机。1955年6月17日，图波列夫设计局首飞了其设计成果——图－104客机。1956年9月15日，图－104即投入运营，首先是取代伊尔－14执飞莫斯科—鄂木斯克—伊尔库茨克航线，飞行时间从原来的13小时50分钟缩短到7小时40分钟。到1957年，图－104相继执飞从莫斯科到伦敦、布达佩斯、哥本哈根、布鲁塞尔、渥太华、德里和布拉格航线。当然，还有飞往中国北京的航线。与现代民用客机相比，图－104的驾驶体验并不好。它的操纵杆力很大，降落时接地速度过大，如果减速过大会有失速的危险。事实上，图－104在运营期间的许多事故都和它过大的接地速度有关——这让飞行员很难及时调整和控制。尽管如此，在图－104飞上蓝天之前，世界上第一种喷气式客机——英国德哈维兰"彗星"正因空中解体事故处于停飞状态，一时间图－104成为唯——种运营的喷气式客机。

1960s
教研室里的真家伙

　　这是一张收藏在北京航空航天大学校史馆的档案照片，拍摄时间大约是20世纪60年代初。照片上的这些人，是北京航空学院（今北京航空航天大学）的师生们，他们正在某个教研室参观陈列在这里的航空器材。照片中央，一名学员正坐在一座被拆卸下来的双联装航空自卫机枪炮塔中体验操作，许多学员十分兴奋地围在四周。这样的双联装机枪炮塔，曾是第二次世界大战时期美军多种大型轰炸机的标准自卫装备。这种炮塔采用电力驱动，射手可以通过脚踏板十分灵敏地操控炮塔回旋，让枪管快速指向目标。战争中，这样的自卫炮塔为美军轰炸机完成各种轰炸任务立下了汗马功劳。画面最左侧露出的机首，应该属于一架美制B-25攻击型。这些航空装备和器材，曾是第二次世界大战中国战区中美军队与日军作战的装备，抗战胜利后作为战争剩余物资移交国民政府空军，在解放战争中又沦为中国人民解放军的战利品。中华人民共和国成立后，它们又作为教具移交给北京航空学院，作为师生们了解航空装备的重要参考实物。有时候，移交给北京航空学院的完整飞机还要被"大卸八块"，作为标本供学生们"解剖"研究。因此，今天你无法在北京航空航天大学找到当年那些飞机完整的躯壳。50多年后的我们已经很难想象，那个年代进入北京航空学院的很多学员，在踏进这所大学之前甚至从来没有见过飞机。而那些教研室里陈列的各型飞机及其相关装备器材，就成为他们开始了解自己学科专业的启蒙者。也就是这些并不完整的教学器材以及围绕在其周围那些兴奋好奇且专注的面孔，成为中华人民共和国的航空科技事业的开始。

（图片来源　北航校史馆）

1960s
保障歼6

　　这张照片拍摄于20世纪60年代，画面上，地勤人员正在检修保障歼6战斗机群。最近处一架是双座型歼教6，主要用于培养歼6战斗机飞行员，远处则是一些单座型歼6战斗机。歼6是在苏联米格－19战斗机基础上仿制而成的双发后掠翼超音速战斗机，也是人民空军第一种超音速战斗机。歼6于1958年初开始研制，1960年投入批生产，1964年首批歼6战斗机交付中国空军使用，到1983年停产，共生产了5205架。从照片上飞机的尾喷管就能看出，它装备了两台涡喷6喷气发动机。歼6机翼的后掠角很大，适合高速飞行，主要用于国土防空和夺取前线局部制空权，也可执行一定的对地攻击任务。歼6曾是解放军空军和海军航空兵装备数量最多、服役时间最长、战果最辉煌的中国产第一代喷气式战斗机。1965年3月18日，解放军空军航空兵第18师54大队副大队长高长吉驾驶歼6，在超音速状态下600距离内三炮齐发，击落国民党空军RF-101侦察机一架，创下了世界空战史上超音速条件下空战击落敌机的纪录。在历次作战中，歼6共击落20多架各型飞机，而自己没有一架被击落。2010年6月，歼6战斗机正式退出中国空军装备序列。

（图片来源　解放军报社）

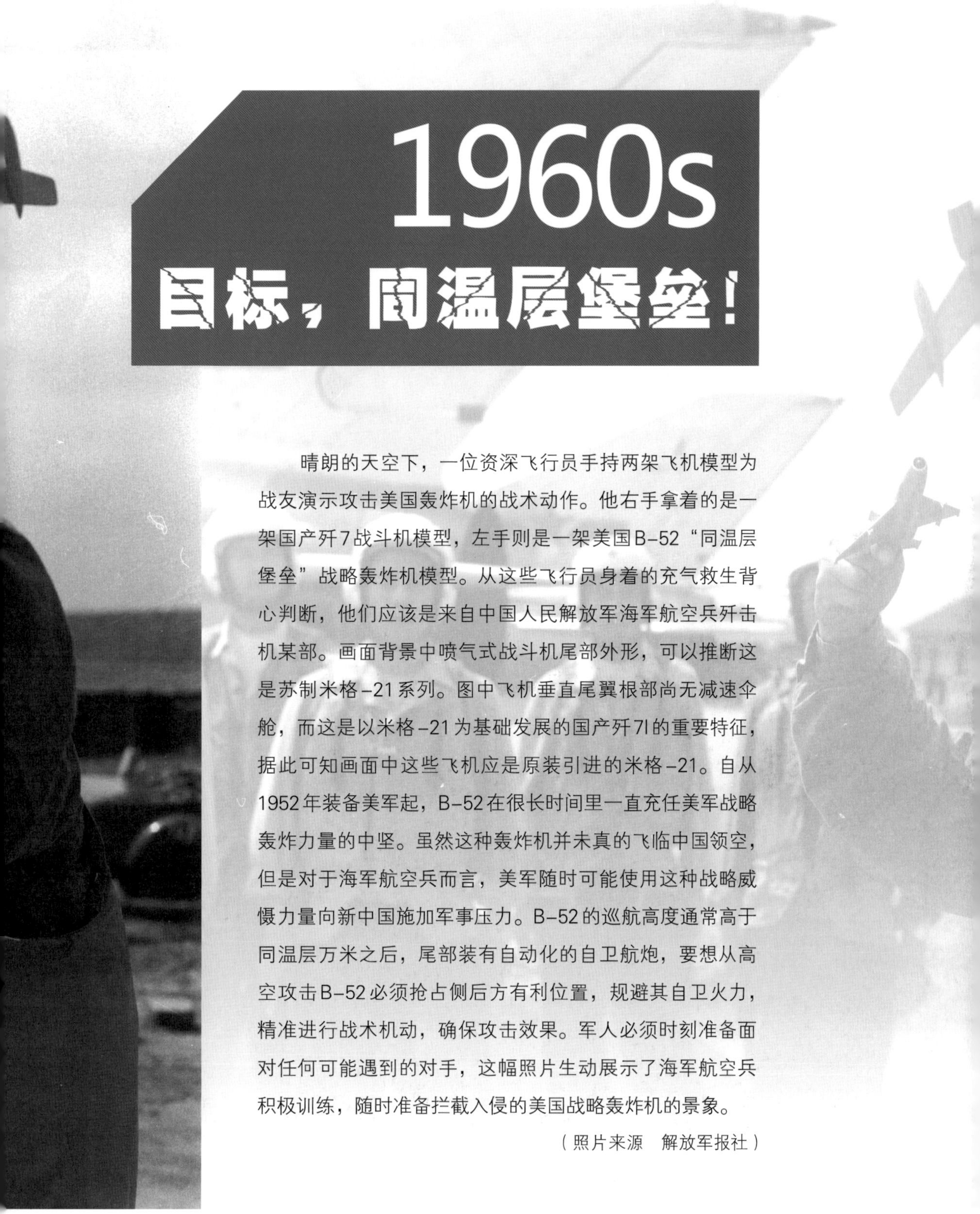

1960s
目标，同温层堡垒！

　　晴朗的天空下，一位资深飞行员手持两架飞机模型为战友演示攻击美国轰炸机的战术动作。他右手拿着的是一架国产歼7战斗机模型，左手则是一架美国B-52"同温层堡垒"战略轰炸机模型。从这些飞行员身着的充气救生背心判断，他们应该是来自中国人民解放军海军航空兵歼击机某部。画面背景中喷气式战斗机尾部外形，可以推断这是苏制米格-21系列。图中飞机垂直尾翼根部尚无减速伞舱，而这是以米格-21为基础发展的国产歼7I的重要特征，据此可知画面中这些飞机应是原装引进的米格-21。自从1952年装备美军起，B-52在很长时间里一直充任美军战略轰炸力量的中坚。虽然这种轰炸机并未真的飞临中国领空，但是对于海军航空兵而言，美军随时可能使用这种战略威慑力量向新中国施加军事压力。B-52的巡航高度通常高于同温层万米之后，尾部装有自动化的自卫航炮，要想从高空攻击B-52必须抢占侧后方有利位置，规避其自卫火力，精准进行战术机动，确保攻击效果。军人必须时刻准备面对任何可能遇到的对手，这幅照片生动展示了海军航空兵积极训练，随时准备拦截入侵的美国战略轰炸机的景象。

（照片来源　解放军报社）

1960s
天罗地网

　　20世纪60年代，中国国土防空形势相当严峻。台湾国民党势力在美国的支持下，经常派遣情报人员利用飞机空投到中国沿海地区，搜集情报并从事策反和破坏活动。为了应对这一问题，中国采用放手发动群众，建立民兵组织，广泛建立观察哨等方法，一旦发现敌机进入大陆实施空投活动，则动员大量军队、民兵和群众对广大地域进行包围搜索，擒获了大量特务。这幅天津杨柳青画店制作的彩色套印年画，就表现了当时军民联合行动，搜捕空投特务的场面。画面中可以看到沿海的防空观察哨，背着降落伞落地的特务，藏身山东发报的特务，以及拿着铁锹、船桨、钢叉、菜刀等生产工具参与搜山和围堵的群众，蔚为壮观。然而在这种场面的背后，也透射出中国缺乏国土防空有力技术手段的现实，当时有效的雷达监控网络和迅速的对空打击手段尚未能全面建立，只能依赖群众进行此类反特活动。这与今天中国国防装备技术手段快速进步的面貌形成了鲜明对比。

1960s
在棋盘上消灭美帝

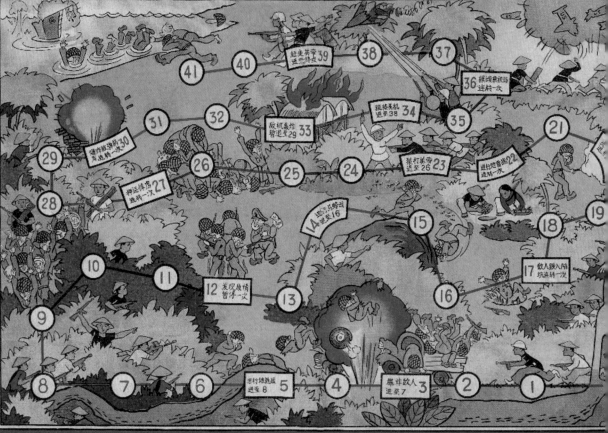

毛主席语录　全世界人民团结起来，打败美国侵略者及其一切走狗！全世界人民要有勇气，战斗，不怕困难，前赴后继，那末，全世界就一定是人民的。一切魔鬼通通都会被

把美帝埋葬在人民战争的汪洋大海之

飞行棋这类游戏大约在 19 世纪末传入中国。与欧洲一样，飞行棋随着时代的变迁，被融入千变万化的设计题材。在革命年代，飞行棋也不可避免地革命化，变成阶级斗争和国防教育的工具。您现在看到的这幅飞行棋盘，大约制造于 20 世纪 60 年代，题目叫作"把美帝埋葬在人民战争的汪洋大海之中"。看到印在棋盘下方红底黄字的硕大标语，您一定立即就知道这显然是中美敌对时期的社会政治文化产物。当年的美国科技和军事实力相当雄厚，但在与中国发生的几次局部战争中，从未取得决定性的胜利，反倒连遭败绩——对于美国而言，对于实力相差如此悬殊的对手，却无法实现既定战略目标，就是彻头彻尾的失败。那个时候，缺乏战略力量投送手段的中国，只能寄希望于依托广大的国土，实现梯次防御，分阶段分步骤地把战争进程拉长，以空间换取时间，在忍耐中谋求相持，进而谋求转变战局。在这一方针下，全民备战，全民皆兵自然是一个重要条件，这也是此游戏诞生的历史大背景。

在棋盘左右两侧有详细的游戏说明：

一，本棋可供二至四人进行。二，进行前先把旗子翻转，个人随手拿一个。红第一，黄第二，蓝第三，绿第四，顺序进行。三，进行时各人都以起点起步，轮流旋转，例如转至四就前进四步。四，谁先到达终点，为谁先消灭美帝。

整个游戏的行进路线，就是一场以全民总体战消灭入侵之敌的作战规划图。在作战路径上，可以看到"发现敌情暂停一次""进行地道战""敌人跌入陷坑""进入敌毒气"（范围）"进行地雷战""押送俘虏""爆炸敌弹药库""敌机轰炸""狠揍美机""摧毁敌机场""赶走美帝"等路径点标注文字。这充分说明当时中国拟定的诱敌深入、以人民战争粉碎敌人进攻的总体战构想。事实上，即使在当年的国防形势下，美国入侵中国本土的可能性当时并不高，但中国以全部幅员为战场摧毁敌人的决心和相应准备，却为中国在境外局部战争中赢得主动做好了后方铺垫。在毛主席看来，对美帝国主义的战争即便打败了，人民政权还可以依托广阔国土开展大规模游击战，最多等于"全国晚解放几年"。这种抗击敌对势力的气度，始终让中国在国防战略上拥有极高的气场，令任何敌人都感到畏惧，在对待中国利益的问题上，时刻谨慎，三思后行。

1961
维护歼5

　　难得一见的人民空军彩色资料照片。考虑到拍摄时间是在1961年那个中国经济状况十分困难的时期，这张彩色照片及其记录的影像信息就愈发珍贵。彩色画面准确呈现了停机坪上的人民空军战斗机群，银色的铝蒙皮，鲜红的"八一"机徽，深蓝色的地勤作业服，甚至远处军绿色的"解放"卡车，一切都是那个年代的典型特征。从战斗机的外形，特别是机翼上每侧各三条翼刀判断，这是中国根据苏联米高扬设计局米格-17战斗机仿制而成的国产歼5战斗机。最近处的一架飞机座舱盖已经打开，后部的多个检修口盖也已经打开。几名地勤人员正围着一名资深地勤，听他讲解歼5战斗机的技术特点和维护要领。喷气式战斗机的维护和保障，与传统的螺旋桨飞机有许多不同，这对于地勤人员的专业技术素养都提出了全新的要求。20世纪五六十年代的人民空军，缺乏足够的专业维护保障人员，他们的文化素质普遍较低，为了充分掌握先进装备的维护技术，人民空军充分发挥骨干人员的传帮带作用，通过技术交流和相互学习，让成熟的维护技术和经验得到传播和推广。这些造价高昂的歼5战斗机，是人民空军重要的作战力量，更是地勤人员心中的宝贝。照片最近处站在机翼根部的地勤人员，脚下垫着专用的防护棉垫——这是专门用来保护踩踏部位的机翼蒙皮，正防止蒙皮剐蹭受损的保护措施。保障好作战装备，即是保障战友的生命安全，更是保障人民空军的战斗力。

（图片来源　解放军报社）

1962
周总理到沈飞

　　这张照片拍摄于1962年6月13日，地点是沈阳松陵机械厂，这所工厂就是今天中国航空工业沈阳飞机工业公司的前身。画面上，视察松陵厂的周恩来总理兴致勃勃地蹬上舷梯，攀上歼6战斗机的座舱部位，听取松陵厂总工程师高方启讲解座舱内的设备情况。作为新中国航空工业奠基人之一的周恩来，十分清楚代表着科学技术制高点的航空工业对于一个国家的国防和经济意味着什么，他的眼神中充满期待和热切。歼6战斗机在中国航空工业史上占有特殊的地位，该机是人民空军装备的第一种超音速战斗机，也是人民空军历史上功劳最丰、战果最多的喷气式战斗机。歼6是中国仿制苏联米格－19的结果，仿制过程中经历了诸多困难挫折，但最终在人民空军中装备数量极大，且服役时间相当长。其从20世纪60年代一直使用到90年代末。歼6并不是一种非常容易操纵的战斗机，在某些情况下很容易进入失速螺旋，给飞行员造成较大的安全隐患。然而，人民空军飞行员们最大限度发挥主动性，摸透了这种飞机的气动特点和操控要领，总结出一套适合歼6的战术方法，创造了国土防空作战中属于歼6的辉煌时代。更为值得注意的是，在装备和使用歼6的漫长时光中，世界空军主战装备迅速进步，从第一代喷气式战斗机迅速过渡到第二代、第三代战斗机，歼6服役的末期，其技术水平已经落后于世界格局。

1962
放飞靶机

今天，无线电遥控航空模型早已成为许多人的玩具，但在1962年，它在人民空军防空部队里还是一种颇为新鲜的训练装备。这是一张能钩起许多人回忆的老照片：1962年某个晴朗的冬日，中国人民解放军空军某部高炮部队正在放飞一架无线电遥控油动模型靶机，准备实施实弹射击训练。画面中，一位军人高举已经发动的靶机，准备投出升空；另一名佩戴着望远镜的指挥员右手拿着无线电送话器，在观察投放动作。两人身后，能看到三门高高扬起身管的苏制KS–19型100毫米高炮，炮手及操作人员尚未就位。据此推测，这次靶机升空很可能是为了演练针对突发目标的快速反应。

（朱尧基/摄）

1963 歼7初长成

　　这张珍贵的黑白照片，拍摄于1963年底的沈阳飞机制造厂（112厂）。画面中这架正在进行装配的飞机，是当时世界最先进战斗机的代表——苏联米格-21F-13战斗机。1961年3月30日，中苏两国政府就中国引进米格-21F-13战斗机（当时称作62式飞机）及其配套K-13空空导弹问题签订正式协定。根据协定，中国除引进一小批米格-21成品整机外，还进口了15架份散装件，以及全套主辅机资料。这是一个极为特殊的历史时刻，中苏关系已经出现了裂隙，但苏联领导人出于某些考量，仍然决定向中国出口先进战斗机，这是提升人民空军装备水平的极佳机会。中国不失时机地决定引进该机的全部技术。苏联图纸资料和散装件到达后，沈阳飞机制造厂立即集中力量进行翻译和校核工作，同时开始组织生产准备。工作中发现苏方的图纸和技术资料中缺漏不少，只能自行计算补充。沈阳飞机制造厂组织技术力量，克服重重困难，终于在1963年底利用进口散件（我们习惯称作标准样件）组装出第一架样机。摸清了米格-21F-13的结构和技术状态，为国产化工作做好了铺垫。这张照片记录的正是首架散件组装米格-21F-13接近完成时的状态。从另一张照片的背景中"庆祝62式机标准样件全机对合成功"的横幅，我们可以想见当时全体参战人员内心的喜悦。1964年2月，米格-21F-13国产化工作全面展开，1966年首飞成功，这便是中国人民解放军装备序列中极为著名的歼7战斗机，也是中国第一种具备两倍音速性能的国产战斗机。而这张黑白照片，便是歼7的序曲。值此新中国成立70周年的伟大年份，照片后墙上"自力更生，艰苦奋斗，勤俭建国"标语显得非常凝重。新中国成立70年来，这一精神越是执行得到位，祖国航空工业就越是蓬勃发展。

（图片来源　沈飞航空博览园）

62 式飞机对合成功后 112 厂总工程师高方启到现场祝贺，与大家合影留念

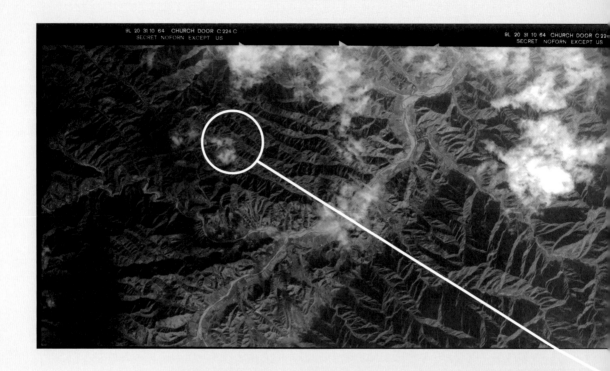

1964 歼6追U-2

1964年10月31日，台湾国民党飞行员张立义驾驶美制洛克希德U-2高空侦察机由云南进入我国边境。入境后向北飞行，企图对我兰州地区两弹一星设施进行战略侦察。该机在经西安返航途中遭遇我空军拦截。这张照片是美国近年解密的U-2任务档案之一，为当时U-2的侦察相机所摄，地点是陕西省山阳县附近。在放大的照片上，能清楚看到人民空军一架歼6战斗机正高速尾随。以歼6的作战高度和所携带武器，并不能有效拦截U-2，这一幕反映了人民空军国土防空行动曾经的艰难。拍下这张照片两个多月后，张立义于1965年1月10日在内蒙古包头以东被我地空导弹部队击落。

（供图　徐林）

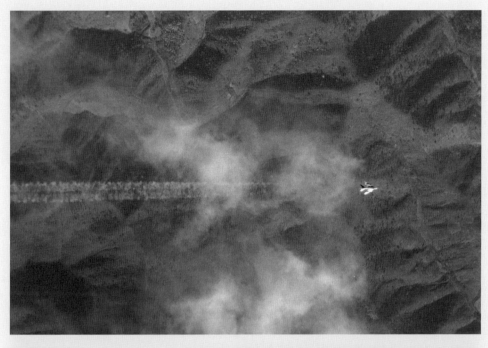

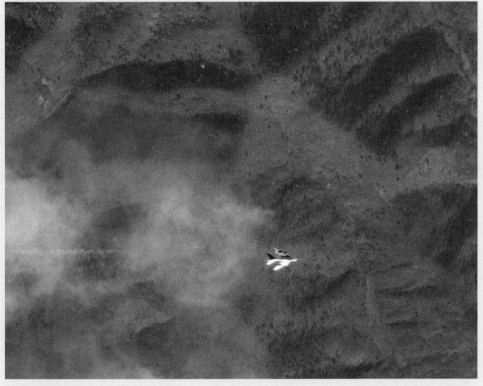

1966
法航707到中国

1966年9月20日，一架法国航空公司波音707客机开通了巴黎—上海航线。这架命名为"舍维尼堡"（Château de Cheverny）的707上，3个机组交替工作，历时23个小时，先后经停雅典（Athens）、开罗（Cairo）、卡拉奇（Karachi）和金边（Phnom Penh），最后抵达上海虹桥机场。随着这架飞机的降落，法国航空成为第一家与中华人民共和国通航的欧洲航空公司。

这一航线的开辟，要归功于中国（尽管还处于某种动荡状态）始终关注与世界的联系。1964年起，中国就利用与法国相对较近的关系，批准法国航空开辟巴黎—上海航线。严格地说，这应该叫作"重开航线"。早在1947—1949年间法国航空曾经执行过巴黎到上海航线——那时飞机先从巴黎飞到西贡（Saigon），然后再延伸到上海。航班两周才有一次，机型是DC-4。飞行总计需要76个小时，三天还多！后来随着国共内战形势的变化，这段航线停航。

1960s

宜将剩勇追穷寇

20世纪60年代，中国人民解放军空军的一张宣传照。由于身处"文革"时期，照片带有明显的摆拍痕迹，然而就历史研究而言，摆拍只是摄影方法的特殊化，它无法超越时代的限制。从这个意义上说，摆拍也是历史。画面前景中，几名空军飞行员正在探讨打击敌机的战术与技术问题，从手持模型的飞行员手中的模型来看，他们是在演练国产歼6战斗机与美国F-4"鬼怪"战斗机厮杀的技巧。最右侧的飞行员手中拿着的文件夹上清晰的大字"加强战备，准备打仗"已经表明了当时中国的国防环境。60年代的中国，已经与苏联极度紧张，1969年中苏甚至在珍宝岛刀兵相见，两国关系裂隙大到难以修复。北面的友邻，已经变成了北方的"劲敌"。而另一方面，中国国防同样受到美国来自南面和东面的持续压力，南海上空对峙摩擦时有发生。这些飞行员头戴皮制飞行盔和护目镜，下身着抗荷服——这是在大过载条件下保障飞行员战斗能力的专用装备。他们身后，整齐停放着一列歼6战斗机，机头以毛主席手书体涂有"追穷寇"三个字，这出自毛主席《七律·人民解放军占领南京》中"宜将剩勇追穷寇"一句，而机身上部则书写着"誓死捍卫毛主席"，这是文革特定政治环境下的特殊涂装。说起歼6与"鬼怪"，两者虽然同属双发喷气战斗机，但歼6以机炮为主要武器，而"鬼怪"则以导弹作为武器，早期"鬼怪"甚至取消了航炮。歼6对阵"鬼怪"时，往往在近距离发生空战，"鬼怪"水平机动性弱于歼6，而早期空空导弹性能不佳，又没有航炮救急，结果屡屡在歼6面前吃亏。

（图片来源 解放军报社）

1967
铁皮小民兵

"文化大革命"期间，中国孩子的玩具也在发生了深刻的变化。由于中美关系的冰封以及中苏关系的交恶，中国的国防形势相当严峻。在这一时期，中国高层把军事建设和战争准备提高到了相当重要的地位。反映到孩子们的玩具上，就是出现了不少带有国防宣传教育色彩的主题玩具。

这件1967年中国制造的铁皮发条玩具如今被收藏在加拿大多伦多大学图书馆，据说这件玩具是当年颁发给参加农村游击战训练积极分子的奖品。它的外形是一个身着浅蓝花袄、深蓝色裤子、佩戴着红领巾的少先队员，正在操作一挺机枪进行对空射击。上好发条，少先队员的双臂会左右摆动，机枪也随之转动，俨然一副对空猛烈开火的场景。这样一件铁皮发条玩具，既是当年中国全民防空动员教育的生动写照，同时还是当时中国男女平等、批判性别歧视的见证。作为一个极为特殊的历史时期，"文化大革命"给所有中国人都留下了难以磨灭的印象，这一时期的玩具，由于具有鲜明的时代特点，已经成为收藏品中较为难得的一类。

（图片来源　加拿大多伦多大学图书馆）

1970 严阵以待，随时准备消灭侵略者

1970年驻沪空军卫红鹰绘制、上海市出版革命组出版的空军宣传画。画面上一组中国空军飞行员正准备跨入歼6战斗机座舱，随时准备升空保卫中国领空。近处的飞行员注目远方，旁边的地勤则手握小开本毛主席语录，说明了海报当时所处"文化大革命"的时代背景。远处的两架飞机机身上涂有毛主席语录"全力以赴，务歼入侵之敌""提高警惕，保卫祖国"。这些"语录机"是当年中国空军特有的飞机涂装方式。在那个国土防空形势严峻的时代，中国空军凭借对祖国的忠诚，谱写了一曲曲防空作战的凯歌。

（图片来源　丹麦国家图书馆）

1970s
攻击T-62

　　20世纪70年代，人民空军某机场上，一群飞行员正在进行技术讲习。从背景中停放的轰5轰炸机来看，他们应该来自轰炸航空兵某部。一名飞行员手持一架轰5轰炸机模型，指着地面上一辆大比例坦克模型和两辆小比例坦克模型，为战友们讲解使用轰炸机攻击敌方坦克目标的战术动作。在那个年代，这张照片仍然带有强烈的摆拍色彩，但它仍然忠实地反映了当时的国防环境。这名主讲飞行员身后的展示板上，张贴着苏联T-62中型坦克的说明挂图，左侧能看到标语"群策群力"字样。在中苏交恶的时代，如何对付随时可能向中国发动打击的庞大苏军机械化部队，是摆在人民军队面前的重大课题。对于人民空军而言，协助地面部队遏制苏军坦克机械化纵队的突袭尤为重要。作为一款轻型轰炸机，轰5具备一定的反装甲集群能力，必要时也可以利用机首机炮突击敌方机械化纵队。T-62是20世纪50年代末苏联继T-54/T-55主战坦克后研发的新一代主战坦克，1962年定型，1964年开始装备部队。这种坦克使用轧钢和均质装甲板双重防弹装甲，主要武器是115毫米滑膛炮，越野行程400公里，性能先进。1969年中苏珍宝岛冲突中，T-62首次参加实战，被中国人民解放军用反坦克火箭筒击伤一辆，瘫痪于冰面上，后经激烈争夺被我军缴获。如今这辆T-62陈列于北京中国人民革命军事博物馆。

（照片来源　解放军报社）

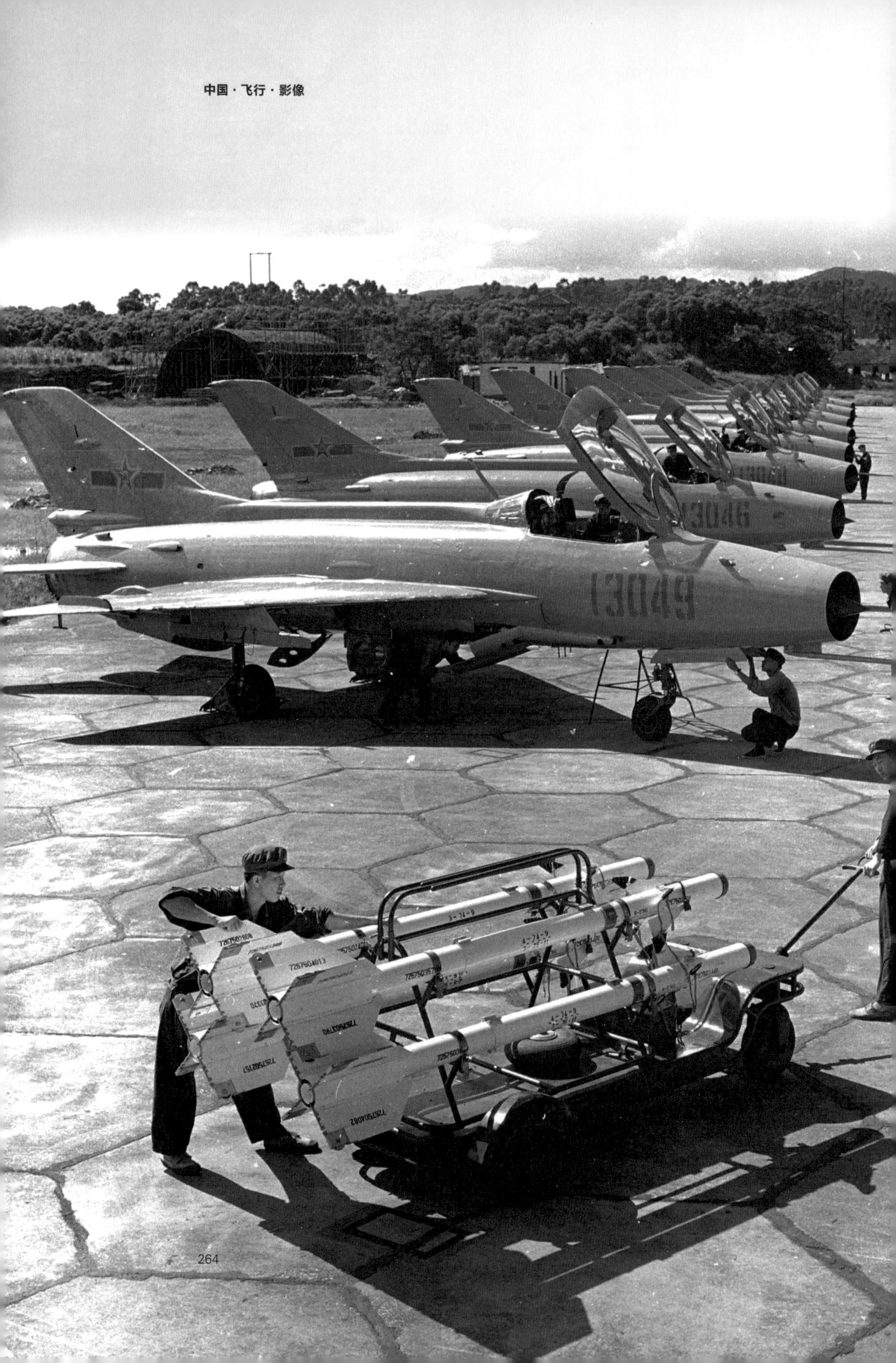
13049
13046

1970s
歼7待发

　　1970年，在苏联米格-21基础上，国产化的歼7I战斗机首飞成功。与米格-21基本型相比，国产歼7I在机身左侧下方增设了一门30毫米机炮，减速伞舱从后机身下部上移到了垂直尾翼根部。这张照片上，一列歼7I列队停机坪，地勤人员正用工具车准备为它们挂装国产"霹雳"2空空导弹。"霹雳"2是中国在苏联R-3空空导弹基础上仿制而成，采用红外制导，性能与美国AIM-9"响尾蛇"早期型相当。所谓红外制导空空导弹，其实就是在导弹头部安装有热敏元器件，这种器件对目标战斗机高热高温的尾喷口热源十分敏感，能随时盯住目标的高热特征，并将目标位置变化转化为制导信号，驱使导弹紧追目标不放，直到最终命中目标。作为一款强调高空高速性能的歼击机，歼7I仅凭机炮等弹道武器已经难以发挥效能，必须借助空空导弹才能有效保卫祖国领空。歼7I之后，中国陆续发展出多种歼7改进型，使之衍生出一个繁荣的家族。虽然歼7在实战中取得的成果不及更早的歼6战斗机，但该机经过数十年的生产和装备，为中国航空工业积累了不少经验。以歼7技术平台为基础脱胎换骨发展出的"枭龙"，与巴基斯坦实现了联合研制生产，成为中国重要的战斗机出口产品。

　　（图片来源　解放军报社）

1970s
远去的雷霆

　　一个轰5三机编队从中空飞临"目标区"，打开弹舱，投下密集的航空炸弹。这张拍摄于20世纪70年代末的演习照片，让人联想起轰5在人民空军服役的闪光时代。轰5以苏联伊尔-28前线轻型战术轰炸机为蓝本仿制而成，采用两台涡轮喷气发动机，平直上单翼，是轰炸机步入喷气时代的早期经典之一。自1966年在哈尔滨飞机制造厂首飞成功后，轰5曾长期在我军服役，在各种任务中均有较好表现。轰5最大载弹量3000公斤，还可作为核武器载机。目前轰5已完成历史使命，全部退出现役。

（图片来源　解放军报社）

常备不懈 务歼入侵之敌

Be prepared at all times and be sure to destroy the enemy intruders!
Soyons toujours prêts à anéantir les ennemis intrus!
Immer kampfbereit und nie nachlässig sein, um einfallende Feinde zu vernichten!

1971 常备不懈，务歼入侵之敌

　　这幅宣传画，是1971驻沪海军航空兵某部策划制作、中国上海人民出版社出版、中国国际书店向海外发行的。画面上除中文标题，还附有英、法和德文标注。作品署名是东海红，显然是带有特殊年代集体印记的笔名。画面上一名海航飞行员右手拿着歼6战斗机模型，左手拿着一架外形夸张的美制战机模型——估计是美制RF-101"巫毒"侦察机，正在演练空战技巧。在那个中国航空装备性能处于劣势的时期，空军和海军飞行员凭借技术与智慧，把歼6（苏联米格-19的仿制品）的性能发挥到极限，屡创佳绩，今天想来不免令人唏嘘。

（图片来源　丹麦国家图书馆）

1972
中国空降兵突击组

  这是拍摄于1972年的一张中国军事题材摄影佳作。画面中，中国空军独立第三团一架直5直升机正配合空降兵进行野外机动作战演练。直升机的尾门已经打开，两个65式82毫米无后坐力炮组及相应的火力支援分队已经离机，准备对"目标"实施突击。第一门无后坐力炮已经进入发射阵地，射手正在调整火炮，装填手做好装填准备，右侧的士兵伸出左手拇指进行概略测距。画面后方，第二个无后坐力炮组正在进入阵地，远处还能看到担负火力支援的56式轻机枪射手，以及最右侧手提69式40毫米火箭筒的士兵。

（轶/摄）

1972年2月26日，周恩来总理与尼克松总统（右一）同乘一架伊尔–18专机从北京出发前往杭州。左一为时任美国国务卿的威廉·皮尔斯·罗杰斯（William P. Rogers），左二为时任美国国家安全顾问的亨利·阿尔弗雷德·基辛格（Henry Alfred Kissinger）博士

1972
尼克松的中国航迹

　　1972年，富兰克林铸币公司制作了一批银质纪念章，章体正面是毛泽东与美国时任总统尼克松交谈的场景，背景铸有中文"为全人类谋和平"和英文"PEACE FOR ALL MANKIND"。章体背面是尼克松1972年访华之行的空中航迹。这枚纪念章如今是难得的收藏文物，它铭刻着45年前的那个2月中美两国领导人以宏大眼光开启的破冰之旅。

　　1972年2月17日，尼克松总统一行搭乘"空军一号"离开华盛顿前往夏威夷，小住数日后，尼克松一行从夏威夷起飞，直飞太平洋西岸的中国上海，降落的那天是2月21日。稍事休息后，尼克松一行飞往北京，在那里中美两国领导人进行了密集的会谈，解决了中美关系中的重大问题。按照尼克松访问日程，他在结束北京行程后还将前往杭州，再返回上海，由上海离境回国。按照出访惯例，美国总统在东道国飞行一向只乘坐"空军一号"，地面交通则使用特制凯迪拉克总统防弹座车，这一问题成为访问准备期间中美谈判的焦点。中方强调尼克松在中国期间应该乘坐中国方面提供的专机，使用中国"红旗"防弹车，而美方则坚持沿用惯例。周恩来总理坦诚表示："中国有句俗话，客随主便。尼克松总统既然访问中国，应该乘坐中国人驾驶的专机。你们说美国总统过去没有乘坐过外国飞机，这次到中国来坐一坐、体会一下也很好嘛！我们飞行员的技术也不错。你们尽管放心。如果你们觉得不放心，我陪总统先生一起乘坐。"最终尼克松大胆拍板，同意从北京飞杭州时乘坐中方提供的伊尔–18专机，并使用中国"红旗"，而周总理也与尼克松同乘一机共赴杭州，完成了一段信任之旅。细心的周恩来总理深谙来往之道，既然尼克松总统作为中国客人同意乘坐中国专机，周总理也就欣然接受尼克松总统邀请，在从杭州到上海时登上尼克松的"空军一号"，作为总统的客人一道飞赴上海。如此一来，即保障了中国主权主张，又符合主客相待之谊，中美双方皆大欢喜。

1972年2月28日，中美上海联合公报发表，奠定了中美两国关系发展的重要基石。回望45年前那个2月，中美两国领导人因势利导，毅然打破冻结两国关系多年的坚冰，堪称大国关系改善的典范。中美两国虽然位于太平洋两岸，尽管有着诸多分歧，但同样有着更多的共同利益。1972年那次跨越大洋的握手告诉我们，分歧可以放下，或至少不做进一步割裂，只要从共同利益出发，再冷的冰，也能消融。

▮ 纪念章正面

▮ 纪念章背面

1973

伊尔-62在上海

　　1973年，美国摄影师在上海机场拍摄了这组照片。画面上是一架中国民航的苏制伊尔-62远程喷气式客机。那时的中国民用客机机身上还写着"中国民航"字样，驾驶舱侧面涂着那个时代特有的红星加双翼标志，尾翼上巨大的五星红旗说明这是中国载旗航空机构。伊尔-62在设计上的重要特征，是把4台喷气发动机并列吊装在机身尾部侧面，每侧两台。这种做法有效地降低了客舱内的噪音水平，同时减少了飞机主翼的设计和制造难度，但也带来了飞机重心偏后，燃油管路必须沿纵轴贯通机身侧面的问题。事实证明，尾吊式多发布局在大型客机上的适用性不佳，现代大型客机几乎无一例外地选择了波音707那种翼吊发动机布局形式。40多年前的20世纪70年代，乘坐飞机是一种相当可贵的经历。普通百姓的工资收入尚难以承担相对昂贵的机票，纵使能支付机票价款，乘机者还需要出具相关单位（一般是国营企业）的介绍材料，证明其确有乘机需求且具备相应的职务职称，才能获准购买机票。在中国民航产业尚不发达的20世纪70年代，这种方式带有浓厚的计划经济体制特征。利用许可和证明材料来限制乘坐飞机的人数，也就人为限定了整个民用航空的市场规模——那时的民航市场是国家经营行为，并不是以商业利益为首要考虑因素。放在市场规模成为商业企业头等大事的今天，这种做法已经显得相当陌生。

（照片来源　美国威斯康星密尔沃基大学图书馆）

1973 波音707到中国

　　这张照片拍摄于1973年。照片上是即将交付中国的首架波音707喷气式客机，这是中国民用航空运输一个全新时代的开始。1973年中国订购了首批10架波音707，总价1.25亿美元。仅仅用了数周，波音公司就交付了首架飞机。1973年8月23日，中国民航接收了首架波音707——也就是这张照片中的B-2402号机，这标志着波音民用飞机正式进入中国，也标志着中国民航开启了现代化发展的新篇章。照片中这架波音707机身侧面那如今已然归隐的中国民航汉字及标志，是一个特定时代的浓缩。而机翼前缘那特色十足的从后向前翻转展开的克鲁格襟翼，则是早期喷气式大型客机的特征之一，后来在中国的运10上也能看到类似的设计。中国从1973年开始引进波音707型客机，共曾运营过15架。最初由中国民航购买10架，分别由原中国西南航空公司和中国国际航空公司运营，1993年开始陆续退出运营。上海航空公司从1985年5月引进5架二手波音707-320C型客机，仅运营三年多，1988年开始陆续转卖。而图中这架B-2402号波音707的经历也颇为波折，该机最初由中国民航运营，后转由原中国西南航空公司运营。1990年10月2日，该机在广州由于受劫机事件影响被撞报废，所幸无人伤亡。

1973人民防空常识挂图——保卫重要目标

1973年内蒙古自治区战备办公室印制发行的《人民防空常识挂图》第十五幅题为《对空射击》。本图强调对重要防空目标的保卫工作。挂图要求在保卫重要厂矿、水库、桥梁、交通枢纽等重要目标时，各种武器的配备应根据武器的数量和性能，敌机活动规律以及地形等条件进行部署。阵地要进行充分伪装，火力要集中，射界要开阔。可以组成若干射击组，构成密集火网，力争将敌机消灭在投弹之前。画面绘一群国产100毫米高炮阵地正在对空集火射击

（图片来源 丹麦国家图书馆）

1973人民防空常识挂图——对空射击姿势

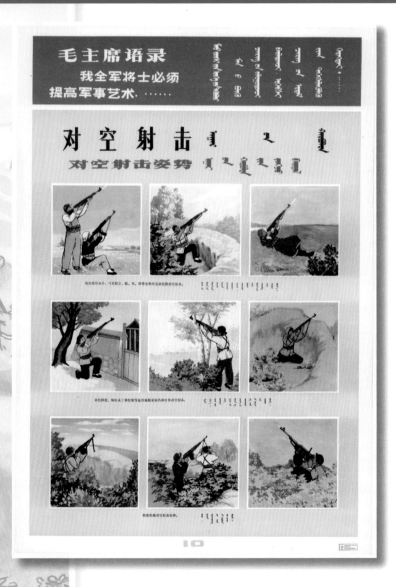

1973年内蒙古自治区战备办公室印制发行的《人民防空常识挂图》第十三幅题为《对空射击》。本图介绍各民兵防空组织抗击空袭的轻武器对空射击姿势。在这幅挂图中，我们能看到各种立、跪、坐、仰姿的无依托轻武器对空射击要领，以及各种宜用地形地物的有依托射击要领。挂图还介绍了轻重机枪对空射击的姿势

（图片来源 丹麦国家图书馆）

1973人民防空常识挂图——射击敌机方法

1973年内蒙古自治区战备办公室印制发行的《人民防空常识挂图》第十四幅题为《对空射击》。本图算是技术含量比较高的一幅科普图，介绍了利用轻武器射击敌机的测算方法。挂图要求射击水平飞行的敌机时，应根据飞机速度和距离计算提前量，具体方法是飞机速度乘子弹到达飞机的时间，除机身长度。在侧方射击俯冲敌机时，应在原提前量的倍数上，再增大二分之一或三分之一机身倍数，这显然是考虑到敌机俯冲速度较大的因素。对于正向射手俯冲或俯冲后飞去的敌机，射击时不需取提前量，直接瞄准飞机头部或尾部即可。挂图还对防空观察员对空目视搜索要领进行了介绍。挂图底部还附有对空射击提前量估算表格。实际上利用单兵轻武器进行对空射击难度极大，除了轻武器射程较近外，敌机速度较快以及缺乏有效的瞄准观察设备，都制约了单兵轻武器的防空效果

（图片来源 丹麦国家图书馆）

1973 人民防空常识挂图——打伞兵

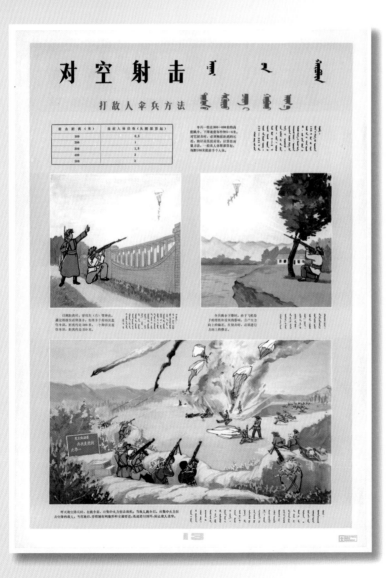

1973年内蒙古自治区战备办公室印制发行的《人民防空常识挂图》第十六幅题为《对空射击》。本图强调打击敌人空投伞兵的方法。具体介绍了单兵轻武器射击敌人伞兵的测算方法，强调敌人伞兵下降时，由于残余空速和风力影响，会产生飘落方向的变化，在射击时要予以考虑和修正。海报要求在打击敌人空降伞兵时要集中火力射击敌机；在敌人跳伞后，应集中火力射击空降敌人；在敌人落地后，要控制有利地形和交通要道，迅速进行围歼，防止敌人逃窜

（图片来源　丹麦国家图书馆）

1973人民防空常识挂图——防原子武器常识

1973年内蒙古自治区战备办公室印制发行的《人民防空常识挂图》第十九幅题为《防原子武器常识》。本图介绍了原子弹的爆炸景象和杀伤因素。挂图介绍，原子弹爆炸时首先发出强烈的闪光，接着出现明亮的火球，随后听到巨大的响声。火球与地面上卷起的尘土一起上升，形成蘑菇状烟云。挂图还形象地指出，原子弹爆炸时产生的光辐射、冲击波、贯穿辐射和放射性沾染等因素是其重要的杀伤破坏要素，并有针对性地介绍了相关防护方法

（图片来源 丹麦国家图书馆）

1973 人民防空常识挂图——避弹方法

1973年内蒙古自治区战备办公室印制发行的《人民防空常识挂图》第十幅题为《空袭时的行动》。本图强调规避空袭敌机投弹的具体方法，介绍了敌机惯常使用的水平投弹与俯冲投弹的战术方法，要求人们在敌机空袭时，要沿着投弹航线向左右两侧散开卧倒隐蔽，卧倒的同时要张口闭眼塞耳，胸部不要贴地，避免爆炸震伤。海报还介绍了没有防空工事条件下利用地形地物进行隐蔽的方式，强调要躲开易倒塌的房屋，避开易燃易爆品和高压电线等危险环境

（图片来源 丹麦国家图书馆）

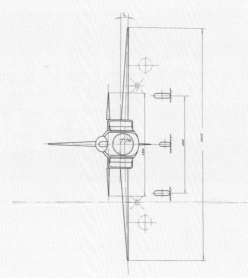

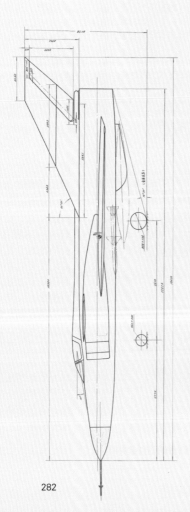

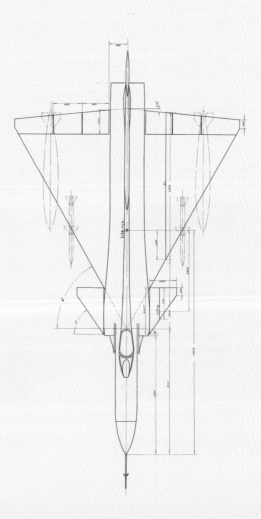

1974
回望歼9之路

1964年10月25日，中国航空研究院在沈阳第一研究所召开歼7、轰5改进改型方案预备会议，史称"十月会议"。这次会议成为中国在米格–21基础上通过大幅改进发展新型歼击机的关键转折点。这次会议上，对于歼7的改进提出了两个方案：一个是使用两台815发动机（米格–21发动机的国产仿制型，后改称涡喷7）的双发方案，代号"65任务"，由黄志千和王南寿负责；另一个是单发改进方案，代号"70任务"，由叶正大和谢光负责。其中"65任务"后来发展成著名的歼8系列；而"70任务"则是在中国航空工业史虽未实现但却意义不凡的歼9工程。

歼9的最初设计定位是以美国F–4"鬼怪"战斗机和B–58"盗贼"超音速轰炸机为作战对象，强调高空高速水平。1966年1月正式开始研制后，歼9历经多次方案调整，形成了歼9I/II/III/IV/V/VI六大方案。其中歼9I/II为后掠翼常规布局方案，歼9III/IV为三角翼常规布局方案，歼9V为无尾三角翼布局方案，歼9VI为鸭式三角翼布局方案。在项目开始后，设计指标不断提升，最终达到"双二六"，即飞行速度马赫2.6，最大升限26000米。值得注意的是，1976年经过反复论证形成的歼9VI–III方案，已经从原来以高空高速截击为主要任务使命，转型成为具备较好高空高速性能的战斗机。歼9项目设计起点高，技术难度大，配套新技术多，研制极为复杂，当时条件下的中国航空工业难以胜任。歼9从1965年开始论证，到1980年歼9项目彻底终结，历时15年，虽然最终并未形成产品，但这一研制过程，特别是对于鸭式布局战斗机的技术研究与论证，为两年后（1982年）开始论证的国产新型歼击机埋下了伏笔。而那种新型歼击机，就是后来的歼10。这两幅图就是1974年的歼9VI方案，它们充分证明了一个道理，所有曾经付出的努力，一定会在未来某个点开花结果。

（供图　魏钢）

1975
长江大桥上的长江750

节日之夜

有些东西看似和航空关联度不大，实则不然。这幅名为《节日之夜》的年画制作于1975年，绘画者是南京部队某部的胡叶今，由上海印制发行，当时定价1毛1分钱。画面表现的是雪夜，地面上散落的爆竹碎屑和《节日之夜》的名称，让人想到作品表现的当是春节除夕夜。画面的主体是一辆军用挎斗摩托车和4个人物，背景则是雄伟的南京长江大桥。4个人物分别是一名守桥卫兵，两名巡逻士兵（挎斗摩托车就是他们的交通工具），另外还有一名民兵。由此可以想见这幅作品所表现的，显然是除夕之夜解放军战士严密警戒保卫祖国重要交通设施南京长江大桥的风貌。话回正题，这幅画中真正具有航空血统的元素，正是那辆曾经是无数男孩子梦想座驾：威风凛凛的挎斗摩托车——长江750。而这款长江750，则是属于新中国航空工业的一代传奇。

"二战"期间，斯大林非常羡慕德国的摩托机械化部队装备水平，尤其是德军使用的宝马摩托车。他安排苏联有关部门购进几辆宝马R71摩托车进行仿制，由此诞生了苏联乌拉尔M72挎斗摩托。中华人民共和国成立后的中苏友好时期，乌拉尔M72的相关技术资料也被引进中国，由位于江西南昌的洪都机械厂（今航空工业江西洪都飞机工业公司，也是中国著名的教练机研制生产基地）仿制，配用对置双缸活塞发动机由湖南株洲航空发动机制造厂（该厂今天是中国航空活塞发动机的生产基地）仿制，于是就诞生了著名的长江750——这是中华人民共和国第一款国产摩托车。1964年起，长江750被列为解放军常规装备，仅1964—1966年的三年时间里，洪都机械厂就生产并交付部队3789辆长江750。

1975 党的委托

党 的 委托

这是一幅1975年发行的宣传画《党的委托》，表现的是一批女飞行员领受任务参加救灾行动。在和平年代，人民空军运输机部队是抢险救灾行动中反应最为迅速的空中力量，为保护人民群众的生命财产安全立下了不可磨灭的贡献。中华人民共和国的女飞行员们自20世纪50年代加入人民空军序列开始，便和男性同行们一样，奋战在各种运输任务的第一线，其中涌现出了秦桂芳、伍竹迪等一大批模范人物。这幅宣传作品由田克盛先生绘制，画面上，4名女飞行员和一名男飞行员正在进行升空前的任务简报，为她（他）们说明任务的是一位女飞指挥员。画面背景中待命起飞的是一架空军运7运输机。机舱门前停放着一辆"解放"牌卡车，正向舱内装运救灾物资。女飞行员身旁的救灾物资包装箱和包装袋上，清晰地印有"中粮"和"向灾区人民问候"的字样，这些细节生动地凸显了这次运输任务的性质。实践证明，许多自然灾害发生时，由于陆路交通运输线路的破坏或者运力及速度限制，只有航空运输能够第一时间赶赴前沿机场，运送重要救灾物资。即便在前沿机场无法满足使用要求的艰难条件下，运输机也能通过空投方式，向灾区调运最为关键的药品、粮食等物资。空运力量是战胜自然灾害的过程中最能节省宝贵时间的"快速有效反应力量"。画面中的运7运输机是中国航空工业运输机产品的"名片"之一。运7以苏制安−26为基础发展而来，于1970年首飞，此后历经不少周折，最终在1984年完成试飞。同年中国民用航空总局正式颁发运7飞机适航证，1986年投入客运服务。运7是中国第一种正式投入运营的国产运输，它的出现结束了中国民航全部使用外国飞机的历史。数十年来，运7在军民两个领域都发挥了重要作用。

（图片来源　丹麦国家图书馆）

1976
中国民航
首航苏黎世

　　1976年2月11日，中国民航客机首次飞抵瑞士苏黎世。这次飞行任务是一次包机飞行，机型是苏制远程客机伊尔–62。苏黎世–克洛滕（Zurich–Kloten）机场经理埃米尔·埃格利（Emil Egli）和瑞士航空公司代表在机场贵宾室迎接中方机组人员，向他们表示欢迎。面对陌生国度全然不同的欧式装修贵宾接待厅，造型别致的高脚杯和葡萄酒，以及托盘里各色茶点，中国民航的机组和空乘人员以特有的矜持和谨慎，与接待方共同庆祝中国民航客机在苏黎世的首次着陆。看到这些照片，不禁会让人想起那部电影《芳华》。

（图片来源　瑞士苏黎世档案馆）

1979 邓小平
在波音

　　1979年2月3日下午，正在美国访问的邓小平造访波音埃弗雷特（Everett）工厂。在这座巨大的厂房内，他和波音公司陪同人员乘坐高尔夫球车代步参观，看到6架处于不同装配状态的波音747，听到陪同人员为其讲述整个装配厂房的作业流程。3年前，中国从波音订购了波音747，邓小平显然对这次参观抱以极大的兴趣。抵达西雅图时，邓小平正患感冒，在美方拟订的各种活动计划中，除了外交礼仪性的午餐会和晚宴，邓小平唯一参加的其他活动就是参观波音工厂。美国航空工业的创新成果和发达程度，给邓小平留下了深刻的印象。

1979
首都国际
航空港新貌

1958年，距离新中国成立10周年不到一年。就在这一年，北京首都国际机场建成，这是新中国成立后首个投入使用的新建民用机场，也是继上海龙华机场（1926年）、昆明巫家坝机场（1937年）和重庆白市驿机场（1939年）之后第四个开通国际航班的机场。首都机场建成时仅有一座被称作"机场南楼"的小型候机楼，主要用于VIP乘客和包租飞机业务。1965年，首都机场迎来了第一次扩建。扩建重点主是跑道，将原2500米跑道延长至3200米，增建了6个停机位。同年，中央政府也决定开放北京作为国际通航点。1972年4月，随着国际航线业务的增加，首都机场原有候机楼已无法满足国际业务需要，中国民用航空总局为此向国务院报送了《关于修建首都机场国际候机楼的请示》。经国家批复同意并决定投资6600万人民币后，首都机场于1974年8月开始了第二次大规模扩建，这一工程被列为国家重点工程建设项目。1979年10月，中国成立30周年来临之际，扩建已接近尾声。6万平方米T1航站楼及停机坪蔚为壮观。T1航站楼设施较为现代，设有中国民航首次采用的自动门、自动人行步道、自动扶梯以及行李系统、飞行信息动态显示牌和闭路电视等。这幅由张振远先生绘制的绘画作品，作为当年《航空知识》10月号封面刊发，展现了首都新机场的完工状态。1979年的中国正处在特殊的历史关口。邓小平对于中国发展方向和方式的新决策让世界看到了中国的全新面貌。当年1月1日出版的《时代》周刊以邓小平肖像作为封面，并称邓小平获选1978年度风云人物的原因是他把中国的大门向世界打开，让中国走向世界，同时让世界走进中国。

1959年发行的首都机场特种邮票（特34）。第一枚表现了刚投入使用的首都机场候机楼，第二枚则是中国民航当时使用的苏制伊尔–14螺旋桨客机

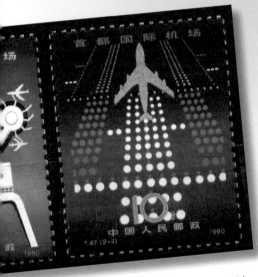

1980年发行的首都国际机场邮票（T47），第一枚为机场大楼，第二枚为飞机跑道。设计者摒弃了写实手法，而通过艺术性的再创造，用现代化艺术去反映主题

《航空知识》1979年第10期封面

1980 年第 8 期《航空知识》封面照《发射场之晨》由张胜桐先生拍摄，表现了晨曦中中国太原发射场伫立的"东风"5 号

1980 发射场之晨

雄伟的发射架上，一枚"东风"5号导弹巍然挺立，犹如指天长剑。当年 5月 18 日，中国第一代具备洲际射程的地对地战略导弹"东风"5 号进行首次全射程发射试验。导弹飞行时间 29 分 57 秒，射程 9070 公里，弹头在南太平洋海域上空再入，准确落入预定目标区。我海军远洋试验编队在第一时间顺利跟踪再入弹头，并成功寻获打捞起仪器回收舱，试验取得圆满成功。次年"东风"5 号开始服役。"东风"5 号是一种两级液体燃料弹道导弹，长 32.6 米，直径 3.35 米，发射重量约 180 吨，最大射程可达 12000 公里以上，最大飞行速度 22 倍音速，采用惯性制导加弹上计算机控制系统，命中精度约为 800 米。追溯时光，"东风"5 号的研制历尽波折。1971 年和 1972 年试验中均曾遭遇挫败，其间导弹方案进行了重新审核，进行了多项改进和调整。科研技术人员团结奋战，攻克了大推力火箭发动机、姿态控制系统、防热结构等技术难关，终于为中国国防提供了性能可靠的远程弹道导弹。"东风"5 号的研制成功，为中国国防事业和航天事业向高水平迈进夯实了基础。经过改进的"东风"5B 在 2015 年 9 月 3 日抗战胜利 70 周年阅兵活动中亮相天安门，引起国际防务界高度关注。

（孟昭瑞/摄）

碧海利剑

1980

碧海利剑

　　这幅1980年由司马连义和杨德彪创作的招贴画融合了浓厚的年画和政治宣传画色彩。作品题为《碧海利剑》，表现了海军航空兵某基地待命出航的情景。画面上的大型水陆两栖飞机，显然脱胎于人民解放军海军历史上的真实装备——水轰5型水上巡逻/轰炸机，这是一种装备四台涡轮螺旋桨发动机的大型水上飞机，专门用于近海反潜巡逻或运输任务。水轰5这种水上飞机最大的特点，在于它既像飞机又像船，机体下部完全采用水动力设计，像是一艘小小快船的下半部。水轰5于1968年开始研制，历时7年于1976年首飞成功。10年后的1986年装备海军航空兵。这幅画绘制的1980年，水轰5尚未装备部队。水轰5可以携带反潜鱼雷、深水炸弹、航空水雷或航空火箭，但限于火控系统条件，无法携带精确制导的远程反舰导弹。因此这幅作品中水轰5挂载外形健硕导弹的场景当是作者的虚构。中国漫长的海岸线需要性能优良的水陆两栖飞机，但继水轰5之后，近40年间中国都缺乏水上飞机装备，直到2018年中国航空工业AG600"鲲鹏"首飞成功，才终结了大型水陆两栖飞机缺位的历史。

1980

运10记忆

　　1980年10月17日，中国自行研制的运10大型客机在上海大场机场试飞试验汇报。这是当年上海市航空工业办公室发放给上海飞机厂参加人员的请柬原件的运10纪念照片。时隔38年，这件请柬已经成为中国航空工业当年艰苦探索的珍贵见证。从1970年决定上马到1980年试飞汇报，10年间运10研制工作取得了很大进展。遗憾的是，运10未能完成从工业品到商业品的转化。其中有中国当时经济发展状况的限制，有政治环境的影响，更有对国家民用航空产业战略思维的欠缺。运10虽然最终下马，但这段历史留下的经验教训已经被后人汲取，这也是后来中国商用飞机项目能够克服无数艰难险阻一路向前的重要原因。

1981 垂直机动

　　1981年秋季，中国人民解放军空降兵某部正使用一架米–8直升机进行垂直机动演练。图中带有"中国民航"字样的米–8开启后部舱门，一辆搭载75式105毫米无后坐力炮的北京吉普正在离机。由于当时中苏关系尚未正常化，中国空降兵装备的运输直升机质量和数量都非常有限，随着中国直升机工业的发展和国际形势的变化，这种情况在90年代初得以彻底改观。在AC313、直10、直20等先进国产直升机相继胜利完成的今天，重看这张旧照，感慨良多。

（吴寿庄/摄）

1983
中国 "太空狗"

　　1983年第10期《航空知识》刊发了这样一幅题为《生物试探宇宙之路》的封面摄影作品。该作品选自"神剑"摄影美术展览，是一幅相当难得的照片。照片上是一只正在接受身体机能测试的中国"太空狗"。这幅照片生动表现了中国航天科技人员利用动物进行太空飞行探索性测试的科研活动。1957年11月3日，苏联斯普特尼克2号卫星搭载小狗"莱卡"进入太空，进行了首次哺乳动物太空生物医学试验飞行。遗憾的是"莱卡"没能活着归来。时隔不久，中国也开始了太空飞行方面的各项试验工作。事实上，太空狗是中国第二批动物航天员。早在1964年，中国就曾利用火箭把白鼠和果蝇等首批动物航天员送上高空。1966年，中国太空狗"小豹"（雄性）和"姗姗"（雌性）再度搭乘火箭升空，探索高空环境对动物机体的影响。这是中国当时进行的最具意义的一次太空生物试验，两只小狗的贡献后来被拍成了纪录片《向宇宙进军：中国航天梦想之小狗飞天》。还得说一句，"小豹"和"姗姗"最终安全返回地面了。当期杂志还刊登了科普文章《探索空间奥秘的"先行官"》，比较详尽地介绍了中国太空狗的试验情况，重点讲述了生物火箭试验的目的和意义。在人类亲自搭乘火箭上天之前，正是这些动物充作我们的探路先锋，它们是人类航天道路上值得纪念的探索者。

（苟毅/摄）

航空知识

'83 8

Hangkong Zhishi

生物试探宇宙之路·米格－19歼击机

1985

李先念到访华盛顿
国家航空航天博物馆

　　1985年，时任国家主席李先念在访美期间前往华盛顿国家航空航天博物馆参观，邓·洛佩兹（Don Lopez）为李先念主席担任讲解说明。选择邓·洛佩兹为李先念讲解，美方也是做了精心安排的。62岁的邓·洛佩兹是美军"二战"时期著名飞行员，曾在驻华美国陆军航空队第23大队参战——该大队正是声名显赫的"飞虎队"的后继者。在作战中，洛佩兹出击101次，先后击落5架日军战机，成为中国战区的王牌飞行员。这座世界上最为精彩的航空航天主题博物馆收录了美国航空航天产业的辉煌成就，始终令航空航天从业者和爱好者们神往。在21世纪，美国作为曾经的航空航天大国，其领先位势还能保持多久，如今的确是个问题，至少在美国看来，是个问题。

（图片来源　美国华盛顿航空航天博物馆）

1985
运10·国库券

　　1985年中国国库券5元券，是一枚有着独特航空历史意义的有价票证。这枚国库券的正面，印制着正在上海飞机制造厂进行总装的国产运10喷气式客机，而这幅图案并非艺术家的想象创作，而是源自新闻摄影记者拍摄的现场照片。

　　运10研制工作从1970年开始，1972年总体设计方案通过审查。1975年6月全部设计图纸完成，5年之后的1980年9月26日，运10在上海首飞成功。此后运10开始进行研制试飞和转场试飞，先后飞抵北京、哈尔滨、乌鲁木齐、郑州、合肥、广州、昆明、成都等国内主要城市，并先后7次飞抵拉萨。试飞证明运10飞机性能符合设计要求。但是由于运10的制造工艺问题以及遗留技术问题较多，该项目迈向成功商用客机距离尚远，加之当时国家经济能力有限，运10自1982年后研制基本停顿。就在这枚国库券印发一年之后的1986年，国家做出决定终止运10工程，这一曾经让中国航空人引以为傲的项目就此遗憾终结。由于国库券属于国家债券，通常在到期后国家会进行赎回，加之20世纪80年代中期人民币币值坚挺，所以这种国库券流散在民间数量有限，如能找到并不容易。

泰陵
Tailing Tomb

康陵
Kangling Tomb

茂陵
Maoling Tomb

裕陵
Yuling Tomb

庆陵
Qingling Tomb

献陵 Xianling Tomb

长陵
Changling Tomb

景陵
Jingling Tomb

定陵 Dingling Tomb

昭陵 Zhaoling Tomb

永陵
Yongling Tomb

德陵 Deling Tomb

国际友谊林
Forest of International
Friendship

北京国际高尔夫俱乐部
Beijing International Golf Club

棂星门
Lingxing(Dragon and
Phoenix)Gate

碑亭
Stele Pavilion

十三陵水库
Shisanling Reservoir

大宫门
Dagong Gate

304

1987 鸟瞰十三陵

　　1987年航空勘测部门从空中拍摄的北京昌平十三陵风景区。自明成祖永乐皇帝靖难之役夺取帝位迁都北京后，即开始考虑在北京以北的天寿山寻找万年吉地。正因永乐皇帝是第一个在北京营造帝陵的明朝皇帝，所以他的长陵便成为十三陵的首陵。按照中国封建时代帝陵营建昭穆之制，后世帝王循序在首陵左右渐次展开，形成庞大的两翼。但事实上由于地形地貌限制，常常得不到严格遵守。长陵的神道一路向东北延伸，经石牌坊、大宫门、碑亭、石像生、棂星门和七孔桥后，一直到达长陵陵门。从空中一眼望去，长陵的规模最为浩大，其东侧只有宣德皇帝的景陵、嘉靖皇帝的永陵和天启皇帝的德陵。其中以德陵规制最小，这与天启年间国家外敌不断，内乱频仍有关。长陵西北面的陵墓明显更为密集，在西北紧紧偎依着永乐长陵的是他的长子——明仁宗洪熙皇帝朱高炽的献陵，再靠西北一点的是吃了红色丹丸就驾崩了的明光宗泰昌帝朱常洛，再往西北还有不少，名字都很清楚，大家可以自己看看明史。这西北翼中最远的算是康陵，这里面埋着的风流倜傥不务正业的明武宗正德皇帝朱厚照。

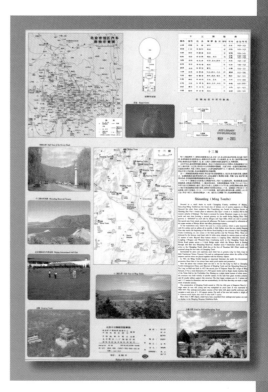

　　长陵正西偏南一点点的位置有两座陵墓，其中稍大的是明神宗万历皇帝耗资800万两银子建造的定陵——1958年成功打开地宫的就是这座陵墓。定陵西南更小的陵墓是明穆宗隆庆皇帝朱载垕的昭陵，这位皇帝仁厚节俭，陵墓规模也正如其人，可惜在位时间只有5年。

　　在昭陵很远的南面偏西的小山包下，蜗居着崇祯皇帝的思陵——那是用贵妃墓临时改造的。位置偏僻寂寥，令人唏嘘。

1987
中国实机亮相巴黎

在1987年第37届巴黎航展上，第一次出现了来自中国的航空产品实物。强5C超声速强击机、歼教7歼击教练机、运12-2型轻型客机和"飞龙"2号海防导弹实物首次亮相国际航展。中国飞机的到来，受到法国政府、各国航空界人士和国际舆论的密切关注。6月11日，法国总统密特朗在主持完开幕式之后，便在中国驻法大使周觉和中国航空技术进出口公司副总经理汤小平陪同下参观了中国展台。他对当时中法航空工业合作交流的进展，特别是双方成功合作生产直9直升机的情况表示满意。始于1909年的巴黎航展是世界上历史最为悠久的国际航空盛会。自巴黎航展设立之后的76年中，从未有中国展团现身。中国航空产品以模型状态第一次在世界崭露头角，是在1986年英国范保罗航展上。当时参展的是F-7M超声速喷气式歼击机模型。该机是歼7的发展型，装备先进的航电设备，如带有武器瞄准计算机的956型平视显示器，测距性能良好且具备抗干扰能力的搜索雷达，新型大气数据计算机，新型雷达高度表，AD3400超高频、甚高频多功能无线电通信系统等。时隔一年的1987年，距离中国改革开放战略的制定已历时9年，中国逐步摆脱保守封闭，开始谨慎严肃地观察这个日新月异的世界。中国航空工业开始全面关注世界航空产业的进展，并开始在世界格局中认真谋求更大的发展机会。1983年第10期《航空知识》封面题目为《巴黎航空博览会上展出的中国飞机》，表现的正是在室外展场展出的中国飞机。

（周日新/摄）

▲巴黎航空航天展览

▲幻影系列战斗飞机

▲上海装配客机首飞

航空知识

9

'87 HANGKONG ZHISHI

1990s
歼8Ⅱ厂房里的丰碑

　　这两张照片拍摄于20世纪90年代初的沈阳飞机工业公司，虽然画质一般，但记录了极为难得的信息。硕大的装配厂房内，一批外形现代的战斗机正在进行总装作业。这些飞机拥有硕大的头锥，其内部可以安装大口径的火控雷达，进气口被安排在机身两侧，保证发动机有充足的空气可供"呼吸"。这些采用巨大三角形主翼的双发动机飞机，是沈阳飞机工业公司为空海军制造的歼8Ⅱ型战斗机。歼8Ⅱ型战斗机是在歼8Ⅰ型基础上进行重大改进升级的成果，原来的机头进气改为两侧进气，留出机头空间安装大型火控雷达，以便使用中距拦射空空导弹。这张照片看似平常，但记录了中国航空装备发展史上一座辉煌的丰碑：画面最近处那架飞机座舱右侧，有一个凸起前伸的细长杆状物，那是空中受油用的探头，是专门用来与加油机的软管锥套对接完成空中加油的。这个特种装备让我们知道，这架飞机便是歼8Ⅱ基础上发展出来的空中加油型歼8D——中国第一型加装受油探头并实现空中加油作业的作战飞机，也是第一型加装国产惯性导航、塔康、微波着陆等先进机载设备的作战飞机。1990年11月21日，歼8D由试飞员李均田驾驶实现首飞。在空中加油条件下，歼8D的作战半径显著提升，一次空中加油情况下从原来的800公里左右增加到1200公里，两次空中加油下可以增至1400公里。1999年新中国成立50周年阅兵式上，4架歼8D分成两个梯队与2架轰油6加油机一起飞越天安门广场上空，接受检阅。歼8D的出现，标志着中国航空工业一举攻克了空中加油技术的难关，拥有了这项航空兵远距作战能力的"倍增器"。

（图片来源　沈阳沈飞航空博览园）

1994
拱卫祖国的海疆

　　1994年，在中国南海海域，抵近中国海疆实施侦察的美军飞机拍下了这张照片。画面上是一架中国海军航空兵歼7型战斗机（81297号），此刻正在监视和驱离抵近我海疆的美军飞机。在20世纪90年代，中国航空兵在面对逼近我领海的美军飞机时，往往在监视拦截能力方面显得力不从心。歼6和歼7航程过小，难以长时间跟踪监视外军飞机，特别是美军P-3系列涡轮螺旋桨侦察机。此外，这类战斗机由于雷达和火控技术的相对落后，一旦面临真正的海上战事，他们很难有效对抗外军装备的第三代先进战斗机。在整个90年代，中国航空兵都不得不面对着这种主力战斗机装备代差造成的困境。这种主战装备性能的差异，某种程度上让美军飞机在抵近中国海疆时并不存在过多的忧惧。这种心理积蓄引发的肆意妄为，最终在2001年造成中国海军航空兵飞行员王伟驾驶的81194号歼8II座机遭EP-3意外撞击，王伟光荣牺牲。也就是在这个新旧世纪之交，中国在引进生产俄罗斯苏-27战斗机基础上，实现了新技术新理念的消化吸收，国产歼11B已经立项。中国国产化装备的三代工作正全面铺开。10年之后，在王伟魂牵梦萦的中国海疆，美军侦察机再次见到的，是拥有三代乃至三代半战机性能的双发重型先进战斗机，这些装备先进雷达火控系统和近中距空空导弹的海疆雄鹰，让美军不得不在接近中国海疆时"谨小慎微"。中国素来秉持和平理念，强调大国之间通过合作谋求理解，但倘若别人坚持以武力强迫"理解"，那中国也须有相应的力量去维护自己的核心利益。

1996 年的另一次拦截行动中，中国海军航空兵使用双座歼 6 教练型飞机跟踪和监视美军飞机。双座型歼 6 可以让后座飞行员对外军飞机进行拍照取证，但在作战能力方面，歼 6 相对第三代战斗机明显处于劣势

2001 年 1 月 24 日，中国海军航空兵王伟驾驶 81192 号歼 8II 飞机监视拦截美军侦察机。两个多月后的 4 月 1 日，王伟在驾驶 81194 号机执行拦截任务时遭美机意外撞击，光荣牺牲

1998
银币记录珠海航展

　　1996年首届中国珠海国际航空航天博览会（即后来闻名全球的珠海航展）开幕时，中国尚没有做好为这次航空科技盛会发行流通纪念币的打算。等到1998年第二届珠海航展开幕，中国方才决定发行一枚贵金属流通纪念币作为特别纪念品。由于时间紧迫，当时已经没有足够的时间来设计纪念币的专属图案。为了赶在珠海航展开幕前完成纪念币设计制作，特地采用中国已成系列的熊猫银制纪念币作为基础，加字改造成为珠海航展纪念币。于是就有了这枚正面带有熊猫图案，背面采用天坛祈年殿图案，重1盎司面值10元的纪念银币。改造之处在于正面加印的金箔珠海航展会徽，以及背面的"'98中国国际航空航天博览会纪念"文字。按照现代航空航天主题纪念品的文化设计理念，这种纪念币的设计算是"急就章"，并无十足新意，甚至与主题相去甚远。然而，这恐怕也反映出那时多数人对于珠海航展定位和空天文明并不清晰的认识。而今珠海航展已历十二届，随着航空产业战略地位被广泛认知，人们陡然发现这枚1盎司纪念银币的历史价值远超其10元的面值，想寻觅一枚已经不易。现如今中国各种以航空航天为主题的文创产品已经相当丰富，其中不乏设计精品，而这枚1998年珠海航展纪念银币则作为中国最早国际化的航空航天主题贵金属纪念品，成为一个空天文化意识快速演进的时代缩影。

313

2012
"辽宁舰" 全速向前

　　2012年人民海军新服役的"辽宁舰"正在高速航行。12年前的2000年6月14日,"辽宁舰"的前身——原苏联海军"瓦良格"号(Varyag)"烂尾航母"在拖船的帮助下启程前往中国。2002年3月3日,"瓦良格"最终抵达大连港,整个航程15200海里,经黑海、博斯普鲁斯海峡、马尔马拉海和达达尼尔海峡、爱琴海、地中海、直布罗陀海峡、好望角、印度洋、马六甲海峡、中国南海,期间经历了博斯普鲁斯海峡和达达尼尔海峡通行权的漫长谈判、爱琴海的风暴等一系列艰难险阻。2005年4月,"瓦良格"号被拖进大连造船厂干船坞进行改装。中国人民解放军的目标是对此艘未完成建造的航空母舰进行改装及续建,并将其用于科学研究、实验及训练用途。改装过程中,"瓦良格"舰首的12单元反舰导弹垂直发射筒被拆除,以扩充舰内空间,发射井口区域重新铺装一整块飞行甲板;安装了4台总功率为200000马力的TB-12蒸汽轮机,等等。2012年,续建完成的"瓦良格"号被赋予了全新的"中国内涵",加入人民海军,命名为"辽宁舰",成为人民海军第一艘航空母舰。

　　"瓦良格"属于原苏联"库兹涅佐夫"级航母,该级航母源于雄心勃勃的苏联11453工程。遗憾的是,这项庞大工程最终只结出了一枚果实,那就是俄罗斯海军如今在役的唯一一艘航空母舰"库兹涅佐夫海军上将"号。与侥幸完工的"库兹涅佐夫海军上将"号相比,该级舰的第二艘舰更加命运多舛。它在1985年开工,1988年下水,1991年苏联解体时完成度也仅为68%。它最初曾被命名为"里加"号,后来改名"瓦良格"号。1998年,不堪财政重负的乌克兰将这艘半成品"瓦良格"卖给中国。由此成就了"辽宁舰"。

在拖船帮助下缓缓驶向
中国的"瓦良格"

1987年，乌克兰尼古拉耶夫造船厂。苏联海军"库
茨涅佐夫海军上将"号（Admiral Kuznetsov）
航空母舰（右）正准备出港海试，如果细看它
的船舷，你会发现此时它的舰名仍然是建造时
的原始命名——"第比利斯"号（Tbilisi），
记得中学课本上那篇《第比利斯的地下印刷所》
吗？第比利斯是苏联加盟共和国格鲁吉亚的首
都，格鲁吉亚则是斯大林的故乡。在"第比利
斯"号的左侧，还有一艘和它外形一样的同级
航空母舰，它的船舷上有一个我们同样陌生的
名字"里加"号（Riga）。"里加"是"第比
利斯"的姊妹舰，虽然这个名字我们不熟悉，
但它就是今天中国海军的"辽宁舰"

2012
歼11雄姿

　　2012年9月17日，中国人民解放军济南军区空军航空兵某团国产新型歼11战机成功实施了对海岛突防攻击实弹课目训练。空军摄影家崔文斌先生从空中视角拍下了这张照片。这架歼11战机翼尖挂载国产"霹雳"8红外制导近距空空格斗导弹，内侧挂架上是"霹雳"12雷达制导中距空空导弹。这种武器配置，显然是为了争夺战场制空权，务歼入侵"敌机"。新型歼11战机已经换装了国产大推力涡扇发动机，此刻"中国心"正在强劲地跳动。该团团长王东伟说："当前在国家领土主权与民族尊严受到严重威胁的时候。我团正以实际行动加速转变战斗力生成，以实战为依托，随时准备维护国家主权和安全利益大局，有效履行党和人民赋予的历史使命。"

　　20世纪90年代，中国开始与俄罗斯谈判引进苏–27SK战斗机。1992年6月27日，首批俄制苏–27SK交付中国，4年后的1996年12月，苏–27SK生产线也引进中国，落户沈阳。1998年12月16日，中国沈阳飞机公司自行组装的苏–27SK试飞成功，此后逐步掌握了生产与组装能力。引进生产苏–27SK的行动，让中国航空兵首次拥有了第三代重型战斗机。耐人寻味的是，也就是在这一年（1998年），中国国产第三代先进战斗机歼10首飞成功，中国自主研发先进航空装备的脚步并未随着引进装备的行动而停顿。在引进消化吸收基础上，中国对苏–27进行了改进升级，推出了歼11系列战斗机，标志着中国完全掌握了苏–27相关技术，并据此衍生出自主研制发展的科研实力。

（崔文斌/摄）

2015
C919出阁

2015年11月2日，中国商用飞机公司首架C919大型商用客机在上海总装完成下线。在无数人期盼的目光中，在无数镜头的聚焦下，C919从红色幕布后缓缓推出，犹如待字闺中的少女款款出阁。C919的研制完成，填补了20世纪80年代运10下马后中国大型客机项目的空白。从2008年11月项目启动到2015年下线，7年的光阴里，中国以独立自主为方针，大胆采取全球合作战略，应用国际领先设计技术，把目标瞄准技术先进、安全可靠、经济高效的商用客机。2017年5月5日，C919在上海浦东国际机场首飞成功，更让国人振奋。虽然许多重要系统是国际供应商提供，但中国也突破和掌握了C919许多关键技术，其中包括飞控技术、大型机体结构设计技术、大型钛合金结构件3D打印技术、先进强度测试技术、综合系统测试技术、飞行测试技术等，不断望向新技术的"高山"。如今摆在C919面前的道路还很艰辛，也很漫长。要成为一款成功的商用客机，它必须迈过两道关隘，第一是适航审定关，成为一款经过安全性可靠性运营性鉴定合格的产品；第二是服务保障关，就是实现产品投入市场后的无忧运营。这两道关隘，都不是轻松就能突破的，但中国民用航空产业别无选择，只能以战略决心坚强面对。人类工业文明发展到今天，其最高水平的代表已经浓缩到少数高度复杂、高度精密、高度集成的高端装备制造业上，中国工业要实现转型升级，从中国制造向中国创造转进，就必须抓住大型飞机这个抓手，以市场成功为导向，全面拉动中国相关产业提升跃进。正如习近平总书记所说："我们要做一个强国，就一定要把装备制造业搞上去，把大飞机搞上去，起带动作用、标志性作用。中国是最大的飞机市场，过去有人说造不如买、买不如租，这个逻辑要倒过来，要花更多资金来研发、制造自己的大飞机。"过了高山，眼界就开阔了，中国制造业要找寻广阔天地，必须翻越峻岭崇山。

（陈肖/摄）

2015
"阿娇" 到成都

2015年11月29日，中国商用飞机公司首架ARJ21-700支线喷气客机飞抵成都，交付成都航空公司。这一场热闹喜庆的交付典礼，标志着ARJ21-700迎来了一个崭新的里程碑——从2008年11月首飞成功，经历了6年的适航审定试验飞行后，被人们亲昵唤作"阿娇"的ARJ21-700于2014年12月拿到了型号合格证，此后再经过近1年的演示验证飞行，ARJ21-700终于飞到了启动用户手中。在ARJ21-700之前，中国民用航空工业的各种支线飞机大多是用军用运输机为平台改造发展，ARJ21-700开辟了一个全新时代：以国际水准为基点，以自主研制为方针，国际合作为平台，打造属于中国自己的具有国际竞争力的先进支线客机。中国这样幅员辽阔的国家，要想实现航空交通运输现代化，干线航空、支线航空和通用航空必须协调发展，而支线客机是发展支线航空的必须装备。只有拥有自主研制的支线客机，才能在国内支线航空市场上有充足的自主权，在国际市场上有足够的竞争力。要实现这个目标，首先要把国产支线客机打造成和国际主流产品一样优秀。为了符合国际标准的适航审定规范，ARJ21-700进行了大量的试验飞行工作，突破了国产客机试验的许多关隘，创造了许多试飞科目纪录。时下ARJ21-700已经投入市场运营，尽管中国商飞还需要面对艰苦长期的工作，建立高效流畅的市场运营保障体系，但这第一步已经迈出了。路纵漫长，行路者唯有砥砺前行。莫问路在何方，路在脚下。

（陈肖/摄）

2016
"鲲龙"欲飞

　　2016年7月23日，中国大飞机三剑客之一，中国自行设计研制的大型灭火、水上救援水陆两栖飞机"鲲龙"600（AG600）在珠海完成总装下线。"鲲龙"600从开始研制起，就有了一个很特别的头衔——世界上在研制的最大型水上飞机。"鲲龙"600为在水轰-5的基础上研制并改进的综合救援飞机，大小与A320相差不多，最大起飞重量可达53.5吨，最大航程4500公里。从外观来看，"鲲龙"600更像是飞机与快艇的结合体，它的下半部分是船体，机身上部才像是平常的飞机。它的机翼上装有4台涡桨6发动机，机翼两端各有一个浮筒，机身下部装有可以收放的起落架，这样它既能在水面又能在陆地起降，属于航空领域的多面手。两年后的2018年10月20日，"鲲龙"600在湖北荆门漳河机场成功实现水上首飞。中共中央总书记、国家主席、中央军委主席习近平致电表示热烈祝贺。

　　"鲲龙"600具备执行应急救援、森林灭火、海洋巡察等多项特种任务的能力，可实现快速高效地扑灭森林火灾和及时有效地进行海难救护。"鲲龙"600一次汲水12吨时间不大于20秒，可在水面停泊实施救援行动，一次最多可救护50名遇险人员。按照"一机多型、水陆两栖、系列发展"的设计思想，"鲲龙"600可根据用户的需要加装必要的设备和设施，以实现海洋环境监测、资源探测、客货运输等任务的需要。也许"鲲龙"600并不是通用航空的大宗装备，但它是国家应急装备体系的有机组成，不可或缺。

（陈肖/摄）

2018
歼10的蛇舞

2018年11月6日第12届珠海航展首日，一架配装了矢量推力喷管的中国歼10战斗机在飞行表演中以一个未经预报的"眼镜蛇"机动动作震惊了全场观众。在各种国际航展上，中国观众早已习惯了看俄罗斯苏-27和米格-29的"眼镜蛇"机动，也习惯了美国F-22"猛禽"战斗机的超机动动作，但在中国的土地上近距离观看人民空军飞行员操纵国产战斗机表演"眼镜蛇"机动，还是第一次。这张照片抓住了矢量推力版歼10完成"眼镜蛇"时机头从水平快速仰起，越过垂直位置达到后仰的瞬间，此时飞机仍保持着向前的水平速度，机头略为后仰，如高扬头部警示对手的眼镜蛇。此后，歼10的头部又向前下方摆动，恢复水平位置，重新加速改为平飞。这架歼10之所以能完成这样超乎想象的超机动动作，完全是因为它装备了中国科研人员为它配备的"秘密武器"——设计独特的可以改变发动机推力的矢量喷管。有了这个东西，发动机就不仅能赋予飞机前向飞行的推力，还能赋予它俯仰和转向所需的力矩，这意味着歼10可以在近失速状态（也就是传统气动操纵面丧失大部分操纵效能的情况）下依靠矢量喷管提供的力矩保持足够的控制性能。这样的战斗机一方面具有超乎寻常的机动性能；另一方面又能让飞行员实现"无忧驾驶"，确保飞机不会轻易进入危险状态。然而，要研制开发推力矢量喷管，却需要高超的技术手段和复杂的试验过程，这架歼10所装备的矢量喷管具备浓厚的中国创造风格，本身就是中国近年航空科研进展的真切体现。

（陈肖/摄）

2018 歼20旋风

2018年第12届珠海航展上，当中国第四代战斗机歼20打开弹舱掠过现场时，所有人都为之振奋。这张照片由《航空知识》摄影记者陈肖拍摄，清晰呈现出歼20精细的表面工艺和武器舱内的空空导弹。虽然图中歼20腹部武器舱内携带了4枚"霹雳"15雷达制导远程空空导弹，两侧武器舱各携带1枚"霹雳"10E红外制导格斗导弹，但从主武器舱的空间格局判断，歼20的载弹能力似乎不止于此。从2011年首飞，到2018年开舱亮相，歼20已经成为人民空军空中优势力量的中坚分子，而这一年，也恰逢改革开放40年。纵览全球，第四代隐身战斗机的研制不仅是技术上的艰巨任务，更是经济上的浩繁工程。对于中国而言，如果没有改革开放40年创造的经济增长业绩，没有改革开放40年锤炼的科研力量，没有改革开放40年锻造的进取雄心，就不会有歼20的应运而生。歼20的研制成功和装备部队，让人民空军技术装备水平得到跨越式发展，完成了从第三代战斗机向第四代战斗机的跃进，消除了与世界上最先进空军主战装备之间的"代差"。随着歼20的服役，人民空军已经跻身世界先进空军行列。歼20真正的意义，是中国航空工业用自己的技术实力，突破了隐身技术、先进飞控技术、先进航电系统、飞发一体化技术、先进雷达火控技术、先进机载武器技术等一系列尖端技术，对第四代隐身战斗机进行了一次富有特色的诠释。歼20的成功，标志着中国航空工业整体技术水平的一次重大进步，也表明了中国航空工业作为中国空军装备现代化建设的有力保障的雄心壮志。这个意义，异常深远。（陈肖/摄）